作者基本資料

周敏煌，一九六九年生於屏東縣，
畢業於國立成功大學中國文學系
、台東大學兒童文學研究所，喜
歡四處走走看看，聽人講生活上
的小故事，像「水流破布」一樣，
走到哪卡到哪。目前在中國時報
擔任記者的工作，著有《你所不
知道的台東》、《網根榕樹及其
他台灣農村印象》等書。

連絡的電子信箱：choubeen@yahoo.com.tw ； http://tw.myblog.yahoo.com/natural-road

自然道上的短故事

和敏煌做朋友，總是聽他講故事。

他的故事短短的，而且保留著「不完整性」，讓人咀嚼起來，心思因此活潑。

其實敏煌更擅長的是聽人家說故事，聽東西說話。

東西一直是在說話的，只是，大部分的人，都失去了真正深入東西語言的耳目與心靈。

讀敏煌的故事，忍不住要去說給別人聽，而且，說他的故事，免不了要改變一些，加減一些。

講他的故事，我常想到他講話的神情，他講起話來，有點口吃的味道，其實不是口吃，而是因思維的變更，讓人的思緒搖晃。他不搞笑，不故作機敏，彰顯的卻是馬克吐溫說的「真正的幽默」－不一定好笑，但使人放鬆，使人的各種感知活化、敏捷。

敏煌解釋不清，或言語說不明白時，會將右手的拇指和食指彎扣在胸前，有如阿彌陀佛的手勢，再用全身去配合整個人生哲學，緩緩的說出三個字「自然道！」

「自然道」是什麼？是他表達不足時，解套的咒語，只有細細品嘗過他的《山苦瓜》，才能嘗出道中滋味。

他愛攝影，那很好。這是一個迷信影像的時代，但是，沒有自然語言表達相配的影像是「啞的自然」。經過敏煌文字表現的故事，影像內化，入人心思，他的文字如大地上的道路，引人生圖入味。

《山苦瓜の味》的主人似乎最愛的就是故事，小小的故事，四散飄揚於山野、海邊、菜市場，人與人之間，東西的裡面，讓他捉拿到手，他總是讓他歌唱。

有些人一直笑一直笑

而你卻想要哭

這些笑得使人想哭的人

是誰

許多掌握說故事特權的人

政客，新聞從業的人，傳道的人等

有些人只要看你一眼，拍你一下肩膀

鳥就開始歌唱，空中就充滿音樂

這些人是誰

馬克吐溫、班雅明、羅達玄、查理士庫羅（Charles Kuralt）、黃春明、老龔（台北市二一六巷裡一位經營咖啡店的老闆）、阿華伯（台東湧泉游泳池畔的故事人），還有周敏煌。

（楊茂秀，毛毛蟲哲學基金會創辦人）

甘中帶苦遇學生高手現代武者

做敏煌的老師是約廿年前的事。在成大中文系「文學概論」這一科的期中閱卷中，忽然發現一朵奇葩，字跡秀逸略小，論述雅健周到，名字卻陌生不識，腦中搜尋全無半點印象；這是誰？是本系的還是旁系選修的？路數異於其他同學，所答不像聽了我課中所談之後的回應，卻是自管自的另有一番領悟深究，令我矍然一驚為之讚嘆，下筆一揮給他最高 93 分。

下次上課特別點名一次（不知何故，受以往母校自由風氣之影響，上課從不點名─覺得點名似乎有以此為手段威脅學生留下，而非以好的教學吸引學生之意，因此深以為恥。）當叫到「周敏煌」時滿場搜尋竟不見人影，無聲無形卻聽全班滿堂大笑，急得我定睛一看，才見到正當中一排許多腦袋之最後，緩緩伸出一張恰好躲藏其後，若不抬頭平時一點兒也看不到的臉，斯文覥笑，一閃即逝。

這照面，一直到畢業以後他再來家相訪，屢屢以尋呂老師（呂興昌）喝酒為由，有時我亦參加，才漸漸熟悉起來。竟不知當時之 93 分深印他及同學腦中，成為該班酒族的典故。

敏煌畢業後在台南、高雄、台東後山、屏東、台中等地作記者十餘年，照說閱歷過五花雜色之人之事，個性早已歷練世故，他卻去讀了台東大學兒童文學研究所，而且花了好幾年時間寫了三十幾篇講給青少年以至成人聽的故事，集成這本《山苦瓜の味》。

他寫政治童話、人生童話，都是台灣此時此地他周遭發生的人事物，一落眼前他拾筆紀錄就是一個個童話，是他以純樸天真的赤子耳朵一字不改實錄下來的本土原汁原味，可以存真，更可以說給不染兒童聽入心靈反覆咀嚼的童話。

但是說也奇怪，凡事一入這位童真少年之耳，一出他之筆，童話也成現代寓言；真似伊索寓言或莊柳寓言，才知他是現代武（舞）者；揮筆舞弄平凡事也能點鐵成金，或志怪或博物，行雲流水，收放自如。

例如，書中的這篇〈倉鼠〉，娓娓道來真實生動有如寫實，卻又處處譏諷如若寓言，尤其在大陸，靠那虛張聲勢一招半式未必鬥得過狡猾農民的倉鼠，還會跨海移居台灣。適應新天新地的過程，外鬥奪地盤嚇阻一時、終至內訌自曝其短而只有淪為流氓唬人。

後記儼然寓言後設，小狗黑皮成長後終於報了弱小時被野貓無情奪食之仇，則膨風倉鼠之必被當年弱勢成長後予以反撲不得好死，天理循環，似可預見！文筆簡潔生動，敘事不拖泥帶水外，還十分勁道有力，耐咀嚼、令人嗜讀不厭。

對於他的佳構完成，身為年長於他的「老」師，有幸特權先睹為快，固然滋味十分甘美，但是受邀作序卻被「倒打一耙」，規定要以「故事體」完成，卻真是「考倒師父」苦不堪言，做人難，此刻更覺做敏煌老師之難，我回他一句：「你以為『周式童話』人人順手拈來就寫得出嗎？」是為序，並賀台灣文學中有此周式童話體之誕生。

（吳達芸，台南應用科技大學文學教授）

老闆，來一盤山苦瓜炒鹹蛋！
順便加點肉絲、豆腐……

　　我是一位記者。當記者可以四處走走、看看，可以和村莊榕樹下的老人聊天，也可以和各行各業的人聊是非，這些生活在基層的販夫走卒很會講故事，講的都是生活上的小故事以及周邊的傳奇故事，言談之中蘊含著生活智慧，我喜歡聽他們講故事，也學習他們的生活閒情與敘事智慧。

　　阿發伯有一天在天濛濛亮，剛露出一丁點的魚肚白時，就到高屏溪南岸的溪埔仔挖蘆筍，埋著頭、彎著身體、提著小竹籃，一直橫走移步向前挖著，由於天色未亮，左手在撥撥蘆筍欉時，驚動一隻蜷綑在筍欉上的山麓蛇，牠一躍上，咬了他一口，整隻左手因此紅腫了起來。

　　山麓蛇雖然沒有毒性，阿發伯卻抓得太過，感染細菌發炎，一直腫脹不消，每次到廟口閒聊，就向其他歐吉桑嘆說：「看，彼尾蛇嘴涎怎麼那麼毒，咬一口，害汝父腫那麼久！」，連續三個禮拜他每次見人，就指著他那紅腫的左手大聲說，也不管別人下棋下得正起勁。

有一天午後，村內的歐吉桑又在土地公廟旁嗑牙閒談，阿發伯又粗聲粗調地抱怨那隻紅腫的左手，一位歐吉桑聽煩了，就起身拉拉鬆垮下來的褲頭，調整一下皮帶說：「彼尾蛇，算什麼，嘴涎有什麼毒，才一個月而已，汝父卅年前吐一口唸，阮某就腫了十個月，才消下去。」

原來抱怨自己的不幸，頂多只可以抱怨三次，否則會讓人生厭，使自己陷入另一個不幸或難堪當中。

還有一位歐吉桑，我叫他茂叔公仔，他是一位博士爸爸，他的小兒子留學美國，取得管理學博士學位。有一天，他說他留學美國的博士兒子，在美國六年一回來之後，就吹噓美國科技多麼進步，說什麼美國都是「一貫作業」，蘆筍只要放在輸送台上，大中小馬上被分級包裝；養十萬隻雞也只要一個人，

一個人在源頭操縱，飼料和飲水都會馬上被送到每一隻雞的眼前。

有一天晚上，一家人在吃晚餐時，媽媽端出一盤香腸，香噴噴的，正當大家要夾上時，博士兒子又大發議論，說美國如何一貫作業，要吃香腸只要把豬隻趕進去機器內，一根根的香腸就出來了。他聽煩了，放下筷子上的香腸回兒子說，這哪有台灣進步，早在卅多年前，我一根「香腸」伸進你老娘的「機器」內，就生出你這條「笨豬」出來。這才耗減了博士兒子的氣燄，低頭猛扒飯。

這一本故事集就是從上述類似的生活對話之中，所採擷、舖陳、演化而來，洋溢著這一塊土地的芬芳以及人民的悲苦、喜樂。

至於在書名方面，山苦瓜又名小苦瓜、野生苦瓜、野苦瓜，屬於葫蘆科植

物，在全國低海拔的山區常可發現它的蹤跡，如果我們走進鄉下農村部落，也常會發現它們吊掛在庭院圍牆邊，兼具食用與觀賞之用，我家庭院和水圳旁爬滿它的藤蔓。

山苦瓜含有苦瓜素，所以帶有苦味，烹煮後轉成苦甘味，有促進食慾、解渴、清涼、解毒以及驅寒的效用；山苦瓜含有豐富的鉀、維生素 C、胡蘿蔔素、葉酸，整體有助於避免血壓過高，減少血脂氧化，可以預防心血管疾病。

嫩果可以涼拌、煮食、炒食，如果加上丁香魚、豆豉、紅辣椒和大蒜等，就可以作成山苦瓜炒魚乾；或是加上鹹蛋、蝦米、紅辣椒與蒜頭等，作成鹹蛋香炒山苦瓜等，風味極佳，是一道著名的鄉土野菜，若再配上一杯台灣啤酒，更是夏季清涼退火的良品。有一次到日本琉球觀光，他們也有「山苦瓜炒鹹蛋」這一道菜，做法上另外加了肉絲和豆腐，額外增添了好多的故事。

我的一位原住民朋友「阿努」嘗過後回憶說，在他六、七歲時，父執輩第一次帶他上山學打獵，在入山的斜坡上，摘了一小粒的山苦瓜給他咀嚼，味道奇苦無比。他想吐出來卻又被阻止，並對他說在人生未來這一條路上，初嘗之時會很苦澀，但是只要堅忍咀嚼下去，就會從苦澀中慢慢轉為甘甜。

山苦瓜生性強健，病蟲害少，所以不需噴灑農藥，多多食用、親近有益健康，而且可以增長福慧。朋友來訪，我喜歡點「山苦瓜炒鹹蛋」這一道菜，順便要老闆加點肉絲、豆腐，和三五好友一起品嘗苦中帶甘的人生況味與生命情調。

※ 故事中所附帶穿插的相片，純是情境配合相片，並非故事中的當事人或動物，特此說明。

kakorot

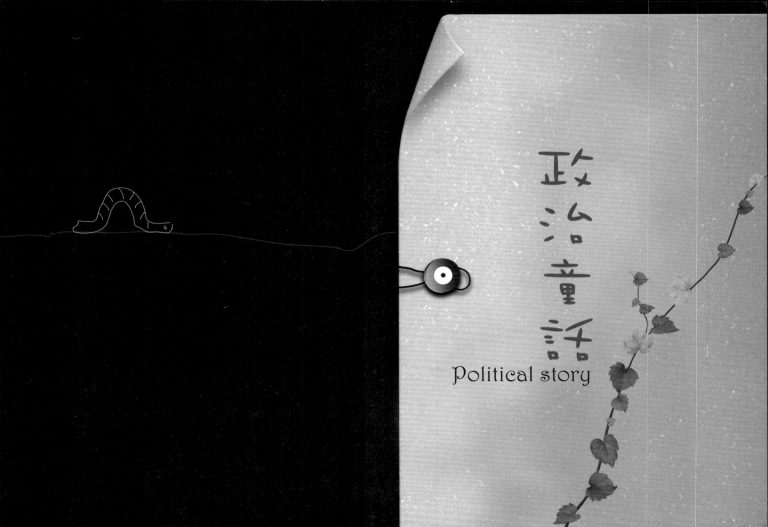

政治童話

Political story

從前，在中國北邊的某一個地方，有一種特有的「倉鼠」，每年秋收之後，牠們都會在稻田裡撿拾落穗，放在頰囊中，帶回洞穴之中，儲存起來準備過冬，每一隻都儲存約一斗的穀粒。

倉鼠

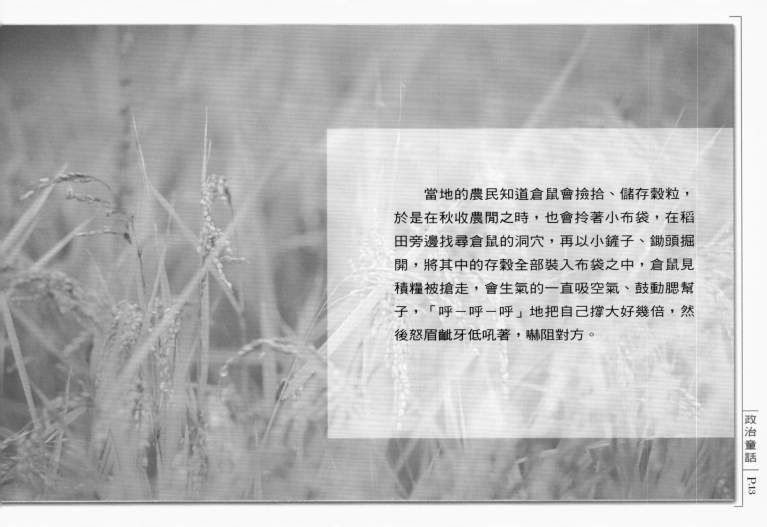

當地的農民知道倉鼠會撿拾、儲存穀粒，於是在秋收農閒之時，也會拎著小布袋，在稻田旁邊找尋倉鼠的洞穴，再以小鏟子、鋤頭掘開，將其中的存穀全部裝入布袋之中，倉鼠見積糧被搶走，會生氣的一直吸空氣、鼓動腮幫子，「呼－呼－呼」地把自己撐大好幾倍，然後怒眉齜牙低吼著，嚇阻對方。

kakorot

由於農民和倉鼠的體積相差太大，農民往往不當一回事，鐮刀一揮，倉鼠就被喝退兩、三步，在嚇阻不成之後，倉鼠會更加憤怒，頰囊就越吸越大，再想到自己無法度過嚴冬，既生氣又絕望，頰囊更越吸越大，好像一個小氣球一樣，然後蹬地一跳，衝上天空，再四腳張開跌回地面，噗地一聲，肚破腸流而死。

民國卅八年之後，國民黨軍隊撤退來台灣，有些倉鼠躲在運輸品中，也跟著輾轉來台。到了秋天，這一群倉鼠又開始撿拾落穗，準備過冬。此時，面對台灣大批的田鼠，不撿拾稻穗積糧感到詫異。

「咦，你們怎麼還不快點撿拾落穗！」一隻精瘦的倉鼠向田鼠們說。

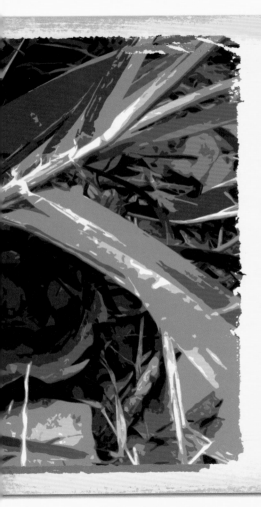

「撿落穗幹嘛，夠吃就好！」田鼠們露出狐疑的眼神，不解倉鼠何意。

「嗟，那麼一丁點怎麼夠吃，冬天來了，你們就知道！」

「在講什麼？」

　　冬天來了，台灣的冬天不怎麼冷，沒有天寒地凍，而且田裡還有很多花生、番藷、豆薯、甘蔗等農作物，食物充裕，根本不需積糧，倉鼠終於了解台灣的田鼠為何不拾穗、不積糧了。

「台灣真是個好地方！」

「是啊，冬天不冷，一年到頭都有得吃！」

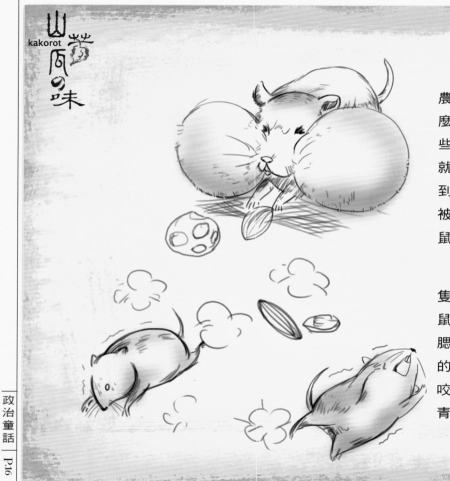

後來，台灣經濟慢慢發展起來，很多農地都改建成工廠，番諸等農作物不再那麼多，倉鼠和田鼠為了食物而搶地盤，這些倉鼠們為了趕走田鼠，在面對田鼠時，就將腮幫子脹大，「呼－呼－呼－」地脹到原來身體的五倍大，田鼠們見狀，有的被嚇退，遠走他鄉；有的為了生存改奉倉鼠為老大，在牠們底下混口飯吃。

冬天過去了，春天來了。有一天，一隻年輕倉鼠想要追求一隻母倉鼠，和母倉鼠的精瘦男朋友發生爭執，年輕倉鼠鼓動腮幫子，想要嚇退對方，當牠脹到五倍大的時候，精瘦倉鼠馬上跳上牠的腮幫子，咬了一小口，牠馬上咻地飛出去，跌得鼻青臉腫。

「媽的，你那一招擠眉弄眼的工夫用來嚇嚇田鼠有用，對我可是沒效啦！」精瘦倉鼠插腰笑著說。這一幕全被臣服於倉鼠的田鼠所看到，不一會兒工夫，馬上傳聞到被趕走的田鼠族群中。

隔天，被趕走的田鼠們又回到了原先的家園，要搶回地盤，倉鼠們馬上鼓起腮幫子禦敵，一隻隻倉鼠的頰囊，一個比一個大，一隻一隻都齜牙裂嘴，怒目低吼。不過，兩群鼠輩混戰之後，一隻隻的倉鼠就「啾－啾－啾」地飛出去。從此，這一群倉鼠和牠們的後代就在台灣四處流竄，以膨風嚇人，能唬則唬，唬不過則逃。

後記：
　　幾年前，我有養一隻剛滿月的小土狗叫「黑皮」，養在豬舍水圳邊，每到用餐時間，在附近的一隻野貓就會過來分食，小黑皮吠牠，牠就將身體弓起來，全身的膚毛豎起，虛張聲勢，小黑皮反而被嚇退。不到三個月，小黑皮就長得蠻精壯的，野貓的技倆被看破，活活被咬死在水圳邊。

藝術家捷徑

　　東北季風在九月起，嘶嘶地吹，吹得椰子林吱咕吱咕價響。景氣隨著東北季風的吹襲更加清冷。加畢、布嘎、雅魯在這一波經濟不景氣中，被老闆辭退了，又找不到其他板模、綁鐵的工作，只好回到生長的東海岸深山部落來。

「唉，我找了六個多月的工作，找不到就是找不到的啦。」加畢喝下一大口米酒說。

「我還不是也一樣的啦，會錢不知道要從哪裡來？」雅魯呼應說。

「找到有什麼用，上個月我做了十二天，隔天要領工錢，工頭就不見了啦。」布嘎吐了一口雞骨頭，回應說。

「這樣下去也不行，應該想個辦法謀生才對的！」

「你們看，應該做什麼才好？」

「到海邊撿圖樣石來賣應該不錯！」

「我大哥撿寶石撿了十幾年，要喝一組維士比，還不是伸手向我要錢！」

「做什麼好呢？種木瓜，東部又多颱風！作民宿，又沒有別墅型的房子。雅魯，你看做什麼才好？」加畢遞給雅魯一顆檳榔，問說。

「啐！」雅魯吐了一口檳榔，下巴微微上揚指向布嘎。

「我有一個同學在做藝術家，他說平地人普遍都有補償心態，一看到山地人的文物，什麼都好，我們倒是可以來做藝術家的啦。」布嘎將尼龍帽脫下，摺摺帽緣說。

　　三人於是搬到台十一省道旁的椰子林下，留長髮、綁馬尾、蓄山羊鬍，白天到海邊撿些漂流木、曬乾，將奇形怪狀的漂流木鑽孔、刨光、裝線，一件件的藝術檯燈就出爐了，然後更認真的雕刻起祖先的容顏，開始當起藝術家來。

kakorot
山�稅風味

「山胞先生，請問這件檯燈要多少錢？」兩位年輕的女大學生被漂流木布置而成的店門口所吸引，進來參觀，其中一位紮馬尾的大學生問說。

「我只有兩包的啦！」

「哦，不好意思，我想買這件檯燈，它要多少錢？」

「五百元！」

「怎麼這麼便宜，我買了！」

「政府都不照顧我們原住民的啦，我們只有自己照顧自己！」由於銷路不錯，三人決定在每件作品的單價上面加個零。

「老闆，這件『狩獵』要多少錢？」一對情侶模樣的年輕老師一起進來，男老師問說。

「六千元，如果你要的話，算你五千元！」

「這麼便宜啊！那一件『豐年慶典』呢？」

「兩件一起買，就算你一萬元！」

「划算！」男老師看看女老師，挑挑右邊眉毛，女老師回說。

「我們雖然沒有政府照顧，自己還是能夠照顧自己的啦！」為了實際反應市場的需求與身價，三人再度決定在作品單價上面再加個零。

「請問，這一件『祖靈歲月』要賣多少？」一位戴著黑框眼鏡、梳著 ALLBACK 髮型、身穿休閒服模樣，擔任執業律師的中年男子問說。

「景氣實在太差的啦，只要十二萬元就好的。」布嘎謙虛、低聲下氣的說。

「這是檜木（henoke）所雕成，光是材質就不只要十萬元的啦，其他創作部分、智慧財產權，就不必講了。」雅魯幫腔說。

「這件本來要賣廿萬元，因為肚子太餓了的啦，所以打六折賣出。」加畢一邊拿著雕刻刀，邊雕刻邊說。

「八萬塊，一句話！」中年男子掏出支票本，作勢要開了一張即期支票。

「爽快，ＯＫ的啦！大家都是好朋友的啦！」

一日午後，一位中央通訊社的駐地記者經過，進門想要採訪他們如何回歸部落，重回祖靈懷抱的過程。

「你好，我是中央通訊社！」記者背著相機，走進以漂流木裝飾而成的拱門，微笑的向他們問好。

「中央通訊社？這是幹嘛的？我已經有手機了呀。」布嘎拿起腰間的手機問說，以為對方是通信行的業務員，要向他們推銷手機。

「不是啦，我是記者，想要來採訪你們。」記者邊說邊遞給他們名片。

「哦，中央社，我知道啊！我爸爸是鄰長，我們家已經看了你們的報紙廿幾年了。」雅魯接過名片說，誤把中央社當成中央日報。

「嗯，好，好，好，我想要來採訪你們如何重回部落？」記者不好意思的說明來意。

「哦，NO，我們是藝術家，只接受台北的大報社，地方的小記者，我們是不屑接受採訪的。」加畢看了看名片，嘟著嘴，搖著右手食指，笑著說。

加畢說完，三人哈哈大笑。

夜晚，三人在太平洋海邊燒野火，烤肉、喝酒、唱歌，慶祝自己終於找到生命的出路，走向藝術家之路。

後記：

　　我有一個阿美族的原住民朋友「殊盎」，以撿寶石為業，經濟困頓，常從成功鎮到台東市區玩，也常藉口說採買短少了一千元，開口向我借去應急。有一次聚餐，一位中央社記者「阿誠」慢點到，一到之時，他就客套地高聲說他家看中央社已經好幾十年了，因為他爸爸是鄰長，害得大夥笑彎了腰。離開台東時，他準備了一隻山羌腿送行，會中說他已經找到了生命的新出口，開始當起藝術家。

山頂の味 kakorot

生財有道

大竹寺位在虛無飄渺的另一端，雲深恐不知處。

在蓊鬱群山層疊之中，剛好搶得蓮珠之位，遠眺峰起又疊巒，整個廟勢地理呈現蓮雀之姿。入門牌樓沿路擺放了一百零八座的菩薩，有拈花微笑的迦葉尊者、怒目金剛、南海觀世音菩薩等等，身高各約一米半，線條柔和流暢，法相莊嚴。梵音終年不斷，周圍時時籠罩著清聖之氣，師父們在寺內教導善男信女們要清心寡慾、無慾則剛、身無長物，要捨才有得，活得才會自在。

「施主，大家歡喜來結緣，阿彌陀佛！」師父們向善男信女們說。

「施主，中午留下來吃個齋飯，給佛祖請一下。」另一位師父以溫和的語氣接著說。

　　信眾用過齋飯之後，在敬獻箱上恭敬的放進兩張千元紙鈔。

　　四月八日浴佛節，各地的信徒湧進寺內參拜，希望趁著佛祖回鑾的機會，被點點的法露淋被到。

「佛祖今天回來，施主如果要請蓮花座回去，向佛祖請示一下，佛祖一定會很高興，會答應施主的請求。」師父笑瞇瞇的說。

「佛祖的分身只要三萬六千元，福報是金錢買不到的……」另一位師父也笑瞇瞇的答腔說。

　　很多信徒之後紛紛將蓮花座請了回去，希望福報常駐在家裡。

寺廟香火慢慢興旺起來，信徒捐獻的香油錢也數以億計，大殿整修之後，準備大興土木，興建香客大樓。

「阿彌陀佛！佛祖想要在大廳的龍邊（左邊）加蓋一棟香客大樓，眾師兄姊有什麼看法？」住持雙手合十，徵詢大家的意見說。

「光耀佛的門楣是大家的願望，佛寺越大代表佛的願力越大，大家沒意見就熱烈鼓掌表示同意。」年紀較大的師父說。

「等一下，住持啊，我有一點小意見。現在景氣這麼好，各行各業都在加薪，物資也節節上漲，我們每月領三千元已經很久了，可不可以加一點，零用都快不夠了，阿彌陀佛！」一位年輕師父說。

「嗯，那下個月五日起，每人加薪一千元！嗯～加薪比率超過三成，比公家的三％還多，佛祖不會虧待我們的，阿彌陀佛！」住持當眾宣布後，現場歡聲雷動。

　　景氣時好時壞，但仍能維持，直到受到美國次級房貸的影響，寺廟的香油錢收入大減，負擔不起食宿、水電、人事等開銷，大家只好輪流到街頭化緣、幫人助念、印書勸募等等。

山青瓦之味
kakorot

寺廟周圍都是龍眼樹，素有龍眼山之稱。這一年，雨水較多，打亂了龍眼的授粉，龍眼蜜收集不到往年的三分之一，所以師父們想出一個辦法，分成廿組人馬向農民收購，一點一滴的收購起來，再分成五斤裝的小桶。

「施主，今年的龍眼蜜相當少，外面根本買不到，一桶兩千元就好，大家歡喜來結緣，阿彌陀佛！」一位師父說。

「佛祖今年特別賜給大竹寺龍眼蜜，普渡眾生，這裡才有喔，是『佛蜜』喔，阿彌陀佛！」另一位師父答腔說，順便用簽字筆在小桶的標籤上寫上「佛蜜」二字。

　　某月十日，慵懶的午後，竹聲稀疏稀疏的吱叫著，世界一切都靜止了，剛好上山的信眾一個也沒有，此時寺內的廣播傳頌出：

「阿彌陀佛，靜心、澄心、清心、定心師父，你們四個人這個月的會錢，還沒有交，今天已經十號了，一定要交給廚房的阿琴，阿彌陀佛。」

　　靜香的輕煙裊裊，蟬聲唧唧，寺內寺外一片寂靜。

後記：
　　十多年前的一年夏天，我和三位同學騎機車到高雄一座名剎遊覽。山之顛，靜香裊裊，山風徐徐，一片清聖之氣，舒服極了，此時名剎的廣播器卻傳出「阿彌陀佛，阿琴仔，妳的老母在廚房等妳，要收這個月的會錢，阿彌陀佛。」我們四個人在山上狂笑了好久，笑到眼淚直流，如今仍記憶猶新。

kakorot 山 風 味

從前，有一位老家住在南部的青年「阿昌」，他在台北一家網路科技公司上班，因為景氣不好被裁員了，找了好久都找不到工作，只好回到鄉下老家，向政府承租山坡地，學習種植柑橘。

小白猴

阿昌回到老家之後，努力向老農民請教如何接枝、施肥、灌溉、除草、架支架、授粉等技術，又在家裡架設網際網路，搜尋學習管理柑橘的技術，很快的他的栽種技術和知識，在第二年就跟上了種了十幾年的老農民。

在他投入了三年的心血，柑橘開始開花結果，正當剛剛開始準備採收時，園區卻來了一群不速之客－台灣獼猴，牠們在園區內摘食柑橘，右手摘下、咬了一口，如果不甜就丟掉，如果香甜就挾在左腋下；接著再採第二顆，不甜就丟掉，香甜又往腋下挾，可是原本在腋下的柑橘卻因此而掉落，弄得整個果園地上都是柑橘。

「阿來伯，請問一下，如何趕走猴山仔？」阿昌看了相當心疼，向老農民請教驅趕猴群的方法。

「我自己也被搞得六神無主，也不知道要怎麼辦。」阿來伯抽了一口菸說。

於是，阿昌就自行想了一個辦法，他準備了沖天炮要來嚇走牠們，砰一聲！嚇走了一群獼猴，不過，隔了一會兒，待牠們回過神來，就不怕了；隔天，砰，砰二聲！只有一半的猴子會被嚇到，後來就只有沖天炮著地點的幾隻猴子會被嚇到。

　　阿昌見沖天炮失效，於是又改在園區內裝了很多的山豬斬、捕獸夾，猴王「阿山」和猴群「阿丹」等等到園區一見到捕獸夾，玩興大起，紛紛拿起樹枝捅獸夾的踏板，然後七上八下地笑個不停。

　　阿昌想了好久都想不出好方法，只好到圖書館查閱整治猴群之道，在生態學叢書中又找到一種好方法，他在園區架設了四組大喇叭，當猴群一出現，他就播放機關槍掃射的卡帶，剛開始猴群會被聲響嚇到，猴群騷動一陣子之後，又恢復了平靜。

　　他仍不死心，又到圖書館內搜尋對付猴子之道，終於在政治學叢書內找到一種心理防治法。

　　隔天一大清早，他將捕獸夾全部張開，然後等猴群來了之後，將數十支沖天炮的引信揪在一起，一次點燃，接連射了三波。沖天炮勁射之後，猴群驚慌失措，四處蹦跳亂竄，閃東避西，阿丹因此誤食一顆塞著安眠藥的柑橘，阿昌將昏睡中的牠抓來，氣得用白色鐵樂士噴漆往牠的身上噴，從此，牠就變成一隻白猴子了。

　　阿丹被放回去之後，大家視牠為異類，紛紛走避。

「我是阿丹啊！我是阿丹啊！」阿丹向昔日同伴一再的解釋。不過，其他猴群馬上跳開，擔心自己也會變成白猴子。

「阿妙，我是阿丹，上次妳被獸夾夾斷左手，是我救妳回來的！」阿丹向女友阿妙說。阿妙低頭不語，右手一直在額頭搜尋，要抓額頭內的蝨子。

「猴嬸，上次小猴崽在森林中走失，是我帶牠回來的，妳忘記了嗎？」阿丹殷殷地向猴嬸說，希望能喚起牠的記憶。

「我知道啦，可是你全身都是白的，和我們不一樣了！」猴嬸說完，拉著猴崽兒猛抓蝨子。

「猴伯仔，我是有蕃茄都分你吃的阿丹啊！」阿丹急得向要好的鄰居長者說。

「你已經不一樣了！」猴伯仔癱坐在地上，右手撢撢地上的土灰，逕自寫起字來，自言自語地回了牠一句。

後記：
　我在台東認識一位八十多歲叫「李大帥」的山東籍老先生，書、畫、樂、石都精通，早早就從軍旅生涯退下來，當時官拜上尉。我很納悶他有非常純良的血統和背景，怎麼不到四十歲就退下來？有一次他喝了兩瓶紹興酒之後，才幽幽地說，他是張學良轄下的連長，不退恐怕連小命都保不住！

　　阿山翹著尾巴，半吊眼環顧四周。一看牠走近，齜牙裂嘴，一直咆哮「你和我們不一樣！」不願承認阿丹是牠們的同伴，其他猴群也跟著牠咆哮，好似要將牠生吞活剝一樣，阿丹只得黯然的離開，離群索居，獨自屈居在岩洞裡，天天遙望遠邊的山林景色。

　　從此，果園內就不再有猴子了，因為牠們擔心一被捉到，就會變成白猴子。

山巷瓦の味
kakorot

乩童

　　從前，在東港溪畔有一間用鐵皮屋蓋成的私壇，壇內供奉上帝爺公以及民眾不願供奉的眾神明，整間私壇外觀都漆成紅色，裡面住著一位乩童，名叫「雄仔」，村人都叫他「童乩雄仔」，他的妻子「阿惜」是他的得力助手，兩人從周一到周五都扶乩幫各地的善男信女，求神問卜，消災解厄。

政治童話 | P.36

阿惜雙手恭謹地捧著壇香，口中念著「天清清、地靈靈，呼請四海眾神明，到壇前！」捧給雄仔猛聞。

「落花流水，三教九流，一條龍仔，弟子……」雄仔雙手按住神桌，頭顱搖晃得快要斷了一樣。

「有喔！」歐吉桑應說。

「有事奏來，沒事退駕！」

「師父啊，我的左邊眼皮已經跳了一個禮拜，不知卡到什麼壞東西，跳得我心神不寧，不知有什麼事情要發生一樣。」歐吉桑左手撐起左眼皮說。

「哦，本仙來幫你巡看看！你上個禮拜去西南方的山上，山間有一條溪流，溪流邊有一塊大岩石，大岩石邊住一個小鬼，你卵鳥掏出來就向他灑，灑得他全身濕答答，當然會受到修理⋯⋯」雄仔左手按住神桌，右手半握拳，伸出食指和中指，指著歐吉桑說。

「啊，是啦，失禮，失禮，真失禮！」歐吉桑雙手打恭作揖，不好意思的說。

「岩石邊還有一棵一人高的榕樹，對不對？」

「嗯，歹勢，歹勢，真失禮！」

　　雄仔拿起桃花劍，在歐吉桑的左眼皮上，作勢斬了三次，然後在他背後又大斬了七次，歐吉桑退下，喝了一碗符水之後，眼皮就不跳了。

　　信徒林水旺寫上了生辰八字和住址，依序坐上案桌的右方椅子上，要向師父請教運途。

「信徒林水旺，在生有何困擾？」林水旺坐上案桌的椅子上，雙手夾在大腿間。

「師父啊，我今年的運途很不順，不知是犯小人，抑或是什麼原因？很不順就對了。」

「本仙給你查看看。哦？」雄仔雙眼微閉，頭顱輕輕的搖晃著。

「來，師父啊，來一口『救心』卡有精神！」雄仔的一位好朋友阿財，遞給他一粒包葉檳榔。

「嘿，切　，本仙在辦事，凡夫竟敢來搗亂！」雄仔狠狠的瞪了阿財一眼，阿財連忙將右手伸了回去，退了幾步瑟縮在一旁。

有一天，雄仔又扶乩請上帝爺公附身，要幫一位婦人的先生斬桃花。

「天清清、地靈靈，呼請四海眾神明，到壇前！」阿惜捧著壇香說。

「落花流水，三教九流，一條龍仔，弟子……」雄仔雙手按住神桌搖晃說。

「有喔！」婦人應說。

此時，剛好有一位殘障者推著一輛小推車，經過私壇前，用擴音器叫賣說：「賣香哦，有人要買香沒？這是用烏沈木做的香……有人要買香沒？」

「妳尪頂世人……」雄仔聽到叫賣聲，突然停下來，正經八百的囑咐他的太太出去買香，說：「阿惜，妳去外面買三千元的香……」然後又繼續扶乩，說：「剛才說到哪裡了？」頓一下，然後接著說：「妳尪頂世人……」

農曆七月的某一天晚上，阿財來找他喝酒、聊天。

「阿財，你今晚怎麼沒去電魚？」雄仔喝了一口酒說。

「七月時，好兄弟都出來，晚上最好不要去河邊。」阿財回說。

「是啦，不過，我和別人不同款，我有上帝爺公護身，沒關係！」

「你不要鐵齒啦，最好不要。」

「我證明乎你看，明天將工具拿來借給我。」

隔天晚上，月夜迷離，雄仔背著電魚的工具到力社溪畔電魚，溯溪而上，當經過龍吉橋下，抬起左腳要跨過溪水時，踩在一塊青苔上，整個人不慎跌入溪中，活活被電死，第二天清晨被人發現時，他和一堆魚屍翻白肚，卡在岩石邊

後記：

　　在我還在讀國中、高中時，父親因為務農太過勞累，腰椎長出骨刺來，每晚我都得用毛巾包裹著小樹頭，擦上萬金油，來回按摩龍骨，折磨了好幾年，都不見好轉。後來，轉而尋求另一種治療方式，差不多每隔半個月，他都會到各地私壇投神問卜，向濟公、三太子、仙姑等請教「因果病」，有一次我好奇的跟他去問上帝爺公，因此，稍稍見識了人生的真真假假。

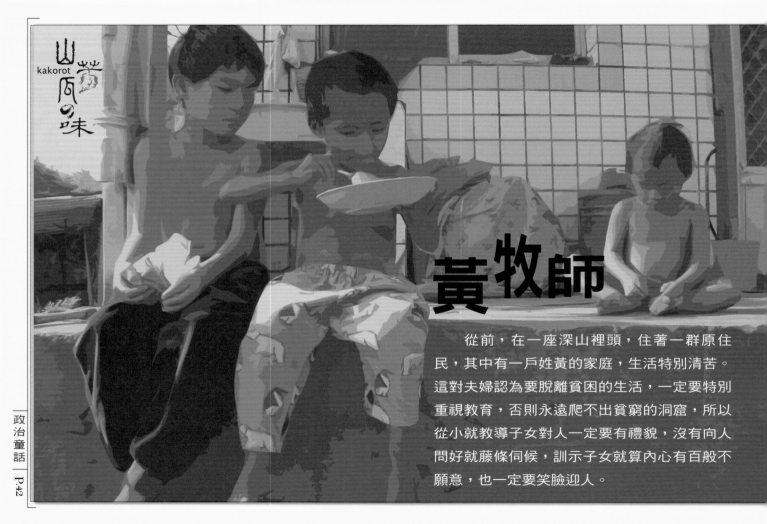

山原の味
kakorot

黃牧師

　　從前，在一座深山裡頭，住著一群原住民，其中有一戶姓黃的家庭，生活特別清苦。這對夫婦認為要脫離貧困的生活，一定要特別重視教育，否則永遠爬不出貧窮的洞窟，所以從小就教導子女對人一定要有禮貌，沒有向人問好就藤條伺候，訓示子女就算內心有百般不願意，也一定要笑臉迎人。

　　這戶人家為了讓唯一的兒子多讀點書，千想萬想，盤算著如何「既能讀書又不必花錢」。因此，決定送他去神學院就讀，作為神的子民，這樣就暫時解決了沒錢讀書的困境。他這個兒子在畢業後回部落服務，人稱「黃牧師」。

黃牧師創辦一個基金會，在基金會附近遍植樟樹，以悲情訴求向社會各界勸募，有的每月固定認捐一千元，有的認捐一棵兩萬元的樟樹，生活逐漸大為改善。收入漸豐之後，他又陸續添購了一輛廂型休旅車和一輛雅哥進口車，也蓋起了千萬元的別墅來，坐的是廿萬元的沙發，花園裡築起了造景庭院，過著董事長般的生活。

「黃牧師，你買了新車，那一輛老爺車可否給我？」在基金會工作的達虎說。

「不行，不行，那輛車的功用可大了，還不能給你。」黃牧師連忙揮手說。

往後，只要原民會、內政部等單位下鄉來基金會走訪視察，黃牧師就開出那輛除了音響不會響的老爺車出來，因此而得到較多的補助經費。

「黃牧師，園區的馬達等水電整修費用，總共三萬二千元。」水電行老闆拿著收據向黃牧師請款。

「拜託一下，讓我緩幾天，現在手頭很不方便。」黃牧師打恭作揖，哀求地說。

「可是已經緩六個多月了，今天多少要給一點，不能再緩了，我的小水電行要被你拖垮了。」老闆面有難色的說。

「拜託一下，拜託一下，基金會裡面都沒有錢。不然，我這裡有三千元，先墊一下，等補助款下來，再一次結算。」黃牧師腰彎得更低，語氣更近乎哀求，老闆只得悻悻然離去，心裡暗譙著吃香喝辣的都有錢，以後不做你的生意了。

山菜風味

kakorot

基金會在每年寒暑假，都舉辦「送愛到偏遠部落」的活動，號召都市的青年學子下鄉來關懷原住民小孩。黃牧師綁馬尾、蓄著山羊鬍子、戴著絨布牛仔帽，揹著小背包，裡面裝著小獵刀、菸斗、菸袋等雜物，忽而義正嚴詞、忽而涕泗縱橫地述說他們原住民的歷史悲情，感動了很多女大學生。

「我們就讓一切自然地發生吧！雖然妳的祖先屠殺了我的先人，搶走了我們的土地，但是這終究不是妳的錯，歷史的過去就讓它過去吧。」晚上在小米酒的催化之下，大學生和黃牧師等一對對地躺在草地上，一幕幕男歡女愛的場景，就在昏黃月色的山林草地上半推半就地發生了。

有一天，達虎和鄰居們在榕樹下喝維士比、吃生魚片。「咕－咕－咕」斑鳩蹲坐在榕樹密幹中，和著白頭翁連珠炮的叫聲。

「不要用手抓東西吃，等一下給黃牧師看了，說我們原住民很可憐，把你拍照拿去申請補助金。」達虎用筷子打兒子的手背說，順手揮趕一下聞鮮而來的成群蒼蠅。

「哇－哇－哇」小娃兒原想抓塊生魚片吃，被打得仰頭嚎啕大哭，他不捨嘴巴裡的食物墜出來，所以鼻涕順勢滑流了進去。

「噓！不准哭，等一下給黃牧師聽到，又把你錄起來，說我們原住民餓得沒飯吃，又拿去向社會大眾募捐。」達虎抱著兒子，右手擤了一把鼻涕往下甩。

後記：
　　我有一位朋友「維仔」，酒後他常以誇張的語態、鄙俗的言語，反諷社會上不公不義的事。在九二一大地震時，從二樓跳下逃生，摔斷了左腳，復原之後走起路來一拐一拐的，他開玩笑的說，他已取得乞丐的身體認證，以後要乞討收入就豐了。

山豬王

　　從前，在南橫山區裡面，有一隻體型超大的山豬，牠不僅會騷擾牛、羊、雞、鴨等家畜，連玉米、釋迦、柑橘等農作物，也飽受牠的摧殘，農民以牠凶猛又龐大的體型，管叫牠「山豬王」，向獵戶們懸賞十萬元來捕殺牠，不過始終都無功而返，讓當地農民十分頭痛。

這頭山豬王相當聰明、勇猛，不管是埋設陷阱或是人狗圍捕，都奈何不了牠，牠的活動路線只要出現異味，馬上就會有所察覺，迅速更改出沒路線；另一方面，牠也十分驍勇善戰，多年來已有三、四十隻獵犬被牠鬥垮，傷重不治。

「我估計牠大約有二百三十台斤，是一般山豬的兩倍大喲。」獵戶伊藍聊起這頭山豬說。

「山豬王的一對獠牙至少超過十五公分長，是我這輩子看過最長的獠牙。」獵戶屬亮喝了一口酒說。

「牠比我以前的爸爸獵到的那一隻還要大！」獵戶吉呀努張開雙手，瞪大紅紅的雙眼說，幾隻蒼蠅不時在他的鬍渣處沾覓嘴邊的肥油。

「吉呀努，你以前的爸爸是『山豬王』，你一點都不像他！」伊藍揶揄吉呀努說。

「沒辦法的啦！這一頭比較厲害的啦！我的獵狗已經被牠鬥死了十幾隻。」吉呀努應說。

　　獵戶們雖然都有意征服牠，也想贏得勇士的封號，但對牠一直都無計可施。酒後，吉呀努等人就癱睡在涼亭內的地板上，蒼蠅們更恣意地在他嘴邊的肥油漬上盤旋、覓食。

　　有一天晚上，月色有點昏暗，竹林中發出「咻咻－吱吱」的聲音。獵戶們一起喝酒、烤豬肉、喝蝸牛湯，酒後大夥又談起這頭山豬王，越講越激動，並揶揄吉呀努不像他爸爸，要他回家問媽媽到底是怎麼一回事？他吐了一口檳榔，拍胸脯自告奮勇，誇言要打敗他爸爸生前留下的「山豬王」名號，於是起身率領了十二隻土狗上山要去獵捕山豬王。

　　吉呀努走到半山腰，汗流浹背，酒也醒了，開始後悔自己捨棄米酒肥肉，心想幹嘛自己一個人帶狗上山，萬一發生什麼意外，以後就不能再喝酒了！他在山區閒逛，盤算著在山上閒逛一夜之後再下山，虛應一下族人。

不料，卻在翻過一個山頭之後，獵狗突然爭相大叫，吉呀努慢慢地跟了上去，在轉彎拐過一塊大岩石，山豬王突然面對面迎來，雙方都被彼此震懾住，狠狠地吊眼互瞪對方。

「啊！殺啊！」待回過神來，吉呀努抽起刺刀往牠的頸部刺，可是牠的皮厚約四公分，根本刺不進去，山豬王頭一扭，吉呀努被甩跌到右側底下。吉呀努再抽出砍刀，又吆喝指揮趨使獵狗追趕狂咬，經過一番纏鬥，才在牠的身上留下幾道咬痕，其中一口咬中前腿胳肢窩的動脈，山豬王獸性大發地衝向吉呀努，吉呀努為閃避攻擊而跌落山凹，肩膀、大腿等多處跌得烏青，山豬王則在崖上狠狠地瞪著他，從鼻孔一直發出低吼聲。

　　隨後，山豬王在山區急奔，吉呀努爬上山崖，循著血跡，一直追、一直追，一直追到隔天清晨，山豬王才因失血過多，不支倒地，吉呀努跳向前，往牠的身上戳了好幾刀才罷手。

吉呀努扛著山豬王一路氣喘吁吁地走下山來，風靡了整個布農部落，族人爭相走告，封他為新一代的「山豬王」。

吉呀努成為真正的「山豬王」之後，在慶功宴上誇稱自己追捕山豬王的驚險過程和英勇表現。他的嘴角上依然涎了兩線的肥油漬，滑入了鬍渣群中。

「你們看，我的大腿、肩膀，都是山豬王撞的啦！我抱著牠，拿番刀往牠身體一直刺！我全身都是血，以為我死了，原來都是山豬王的啦！」吉呀努一邊揮卻盤旋嘴邊的蒼蠅，一邊興高采烈的比手畫腳地說著。

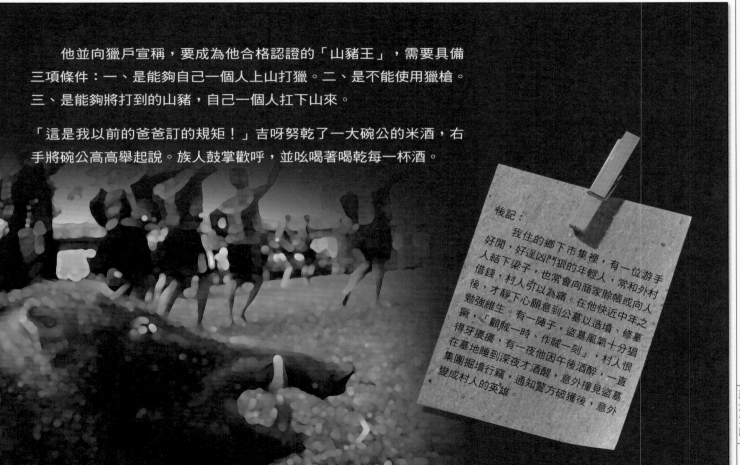

　　他並向獵戶宣稱，要成為他合格認證的「山豬王」，需要具備三項條件：一、是能夠自己一個人上山打獵。二、是不能使用獵槍。三、是能夠將打到的山豬，自己一個人扛下山來。

「這是我以前的爸爸訂的規矩！」吉呀努乾了一大碗公的米酒，右手將碗公高高舉起說。族人鼓掌歡呼，並吆喝著喝乾每一杯酒。

後記：

　　我住的鄉下市集裡，有一位游手好閒，好逞凶鬥狠的年輕人，常和外村人結下梁子，也常會向商家賒帳或向人借錢，村人引以為痛。在他快近中年之後，才靜下心願意到公墓以造墳、修墓勉強維生。有一陣子，盜墓風氣十分猖獗，「顧賊一時、作賊一刻」，村人恨得牙癢癢，有一夜他因午後酒醉，一直在墓地睡到深夜才酒醒，意外撞見盜墓集團掘墳行竊，通知警方破獲後，意外變成村人的英雄。

山豬味 kakorot

山豬媽媽和小獼猴

　　從前，在屏東與台東交界的山區，住著一位陳姓獵戶，他有著黝黑的皮膚，身材瘦瘦小小的，不過，裝陷阱打獵的工夫一點都不含糊。陳姓獵戶一旦發現獵打回來的小仔豬，只要傷勢不嚴重的，就和一般豬隻關在一起飼養，前前後後圈養了十幾頭。

養著、養著，這些山豬就自自然然慢慢的馴化了，不再逞兇鬥狠，但仍保有生產需放外待產的習慣。有一天，一隻母山豬「皮皮」足月了，即將生產，於是陳姓獵戶將牠放養到山裡頭去，希望牠十來天之後，能帶回一整窩的小山豬回來。

　　果然，半個月之後，皮皮真的帶回了八隻仔豬，同時背上也多了一隻小獼猴，小獼猴把山豬當成媽媽，整天騎在牠的背上，不管山豬媽媽躍進上山、狂奔下山，牠都要坐在山豬媽媽的背上，形影不離。

這一隻小獼猴從何而來，山豬主人也搞不清楚，由於小獼猴會和仔豬搶奶吃，陳姓獵戶起初每天會揮手將小獼猴趕開，可是待他離開，小獼猴又從樹上跳下來，久而久之，他也就不以為意了，而且小獼猴也吃不了什麼東西，也就任由牠去了。

小獼猴剛回來的時候，會跟仔豬搶奶吃，後來仔豬慢慢長大斷奶了，可是小獼猴還像沒有斷奶的樣子，整天跟著媽媽跑，連飲食都跟著山豬媽媽吃餿水裡的飯菜，行為習慣猶如一頭仔豬。

「爸爸，那隻小獼猴，是不是同性戀啊？」陳姓獵戶的小女兒問說。

「這我不知道耶，爸爸也是第一次遇過。」陳姓獵戶回說。

「那麼，是不是有戀母情結啊？」女兒又問。

「這，我也不太清楚耶，妳說呢？」爸爸應說。

後來，山裡面的柑橘成熟了，來了一群獼猴來覓食，攀盪來、攀盪去，「呼－呼－呼－」叫個不停，恣意享受著香甜的柑橘。有一天傍晚，剛好遇見了山豬媽媽和小獼猴，在園區以鼻子推土覓食，整群猴子都停了下來，盯著牠們瞧。

「那不是我們的小猴仔嗎？」帶頭的猴王「阿山」說。

「對啊，牠怎麼和山豬在一起？」副手「阿丹」說。

「喂，過來啊，你是猴子啊！」另一隻猴子揮手叫小
獼猴過來。

「媽媽，牠們在叫什麼，我怎麼都聽不懂牠們的
話？」小獼猴在山豬的背上問說。

「喔，牠們說你是一隻猴子，要你過去和牠們玩
啦！」山豬媽媽應說。

「猴子是什麼呀？」小獼猴一臉茫然的反問媽媽。

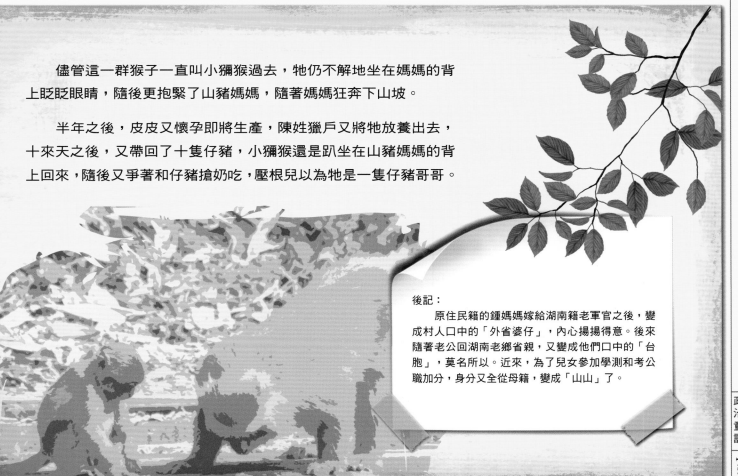

　　儘管這一群猴子一直叫小獼猴過去，牠仍不解地坐在媽媽的背上眨眨眼睛，隨後更抱緊了山豬媽媽，隨著媽媽狂奔下山坡。

　　半年之後，皮皮又懷孕即將生產，陳姓獵戶又將牠放養出去，十來天之後，又帶回了十隻仔豬，小獼猴還是趴坐在山豬媽媽的背上回來，隨後又爭著和仔豬搶奶吃，壓根兒以為牠是一隻仔豬哥哥。

後記：

　　原住民籍的鍾媽媽嫁給湖南籍老軍官之後，變成村人口中的「外省婆仔」，內心揚揚得意。後來隨著老公回湖南老鄉省親，又變成他們口中的「台胞」，莫名所以。近來，為了兒女參加學測和考公職加分，身分又全從母籍，變成「山山」了。

山嵐の味
kakorot

鼻頭抹豬油

　　從前，從前，在很遠很遠的地方，有一群田鼠，牠們一直在搬家，從工寮搬到豬舍，從甘蔗園搬到蘆筍園，從溪邊搬到山上，還一直不停地在搬家。因為牠們每次一搬到一個地方，過不久，當地就出現了好多隻的野貓，追牠們、抓牠們、吃牠們，逼得牠們又得再度搬家。

搬著，搬著，直到搬到一處山區附近，才安定的住下來，那裡有很多村民以養羊為業，所以地名叫做「羊寮」。羊舍附近住著一隻流浪狗「小黑」，牠有黑亮的毛髮，又有嘹亮的吠聲，最重要的是一雙利爪，牠最愛追野貓，野貓一靠近羊舍，牠就追得野貓膚毛直豎，四處亂竄，野貓只好紛紛遷到其他地方去了，不敢再住下來了。

　　由於羊舍附近沒有了野貓，田鼠爭相走告，一傳十、十傳百，其他住在滿布陷阱、不適合居住的田鼠們，也紛紛攜家帶眷遷到羊舍來居住，一下子田鼠的族群多了好幾倍，因此，田鼠們將小黑視為保護神，常常陪牠聊天、解悶，有時幫牠咬蝨子、掏耳朵，晚上講故事給牠聽⋯⋯⋯

「小黑大哥，這是我們的心意，請你一定要笑納！」田鼠們將成堆的餅乾、牛奶糖推到牠的面前。

「嗯，嗯！」小黑應了兩聲，闔上了眼睛。

「這是我們的玩具，都給你！」

「這梳子、鏡子也給你！」

「溜冰鞋也給你！」

小黑趴在草堆中，眼睛一直都沒張開過，只是嘴巴嗯嗯的虛應著。

田鼠們每天輪流幫小黑搥背、抓癢、咬蝨子、講故事，鼠老大也每天來向牠請安，陪牠聊天，但是小黑還是一副無精打采的樣子。

「小黑大哥，這樣子爽不爽，還需要我們服務嗎？」三隻田鼠在牠身上咬蝨子，問說。

「嗯，還好，還好。」小黑懶洋洋的回答。

「小黑大哥，你有什麼心願，我們可以效勞嗎？」田鼠老大問說。

「嗯，我想想看，等想到再告訴你們。」小黑趴在柔軟的稻草上回說。

「小黑大哥，這個『豬狗一家親』的故事好聽嗎？」鼠伯再說完一個故事，問說。

「嗯，好聽。」小黑虛應了一聲。

有一天晚上，月色很亮，月光穿透殘破的屋瓦，斜射進來羊舍，小黑四腳朝天，接受田鼠們的服侍，其中兩隻田鼠扒抓著牠的鼠蹊部，讓牠茫酥酥。

「小黑大哥，你想起了有什麼心願未了嗎？還是想吃什麼東西嗎？」負責照顧小黑飲食的「鼠媽」從稻草堆中鑽出來，有意無意的問說。小黑經鼠媽一提起宵夜，牠的肚子突然感到餓了起來。

「啊，也沒什麼啦。在我還小的時候，有一次，我爸爸咬了一根肉骨頭給我們兄弟吃，那種味道好特別，如今搬到山上來，好久沒有吃到這樣的好東西了，我好懷念那種味道喔。」邊說邊吞口水。

山葵瓦の味
kakorot

當晚，鼠媽馬上將這個無意中探聽得來的消息告訴鼠老大。

鼠老大於是召開宗族大會，商討如何找來小黑十分懷念的肉骨頭味道。開會討論的結果，不是找不到、太遠了、搬不動，不然就是危險性高，有人說上次「胖鼠」還被捕獸夾懸吊示眾，大家又陷入苦思當中。

「咦，我還以為我講的故事不好聽呢。」鼠老大自言自語的說。

突然，有一隻精瘦的田鼠說：「啊，我想到了一個好方法！」大家催促牠趕快說出來。

「上次我去羊舍家主人的廚房，發覺一種東西白白的，很香，大概就是小黑大哥要的。」精瘦田鼠興奮的說。

　　鼠老大馬上指派精瘦田鼠和兩名身手矯健的同伴一起前往採擷，帶回了一小撮的豬油。鼠老大拿給小黑聞，田鼠們也湊進去看看結果，大家你推我擠，將正在聞豬油的小黑沾得滿鼻子的豬油。

「對，對，對，就是這味道。」小黑高興的吠了幾聲。從此，小黑要吃三餐之前，田鼠們都輪流幫牠在鼻子上抹上豬油，不管牠吃什麼東西，每餐都吃到夢想中的肉骨頭味道，快活得不得了。

後記：
　　一位在公家單位服務的朋友對我說：「很多大專院校開辦學分班既不能升官，也不能加薪，猶如鼻頭抹豬油－聞得到、吃不到。」剛聽到這一句俚諺，驚見台語之美，它比畫餅充飢、海市蜃樓更傳神，所以以我家田園附近的土狗和田鼠來詮釋這一句先民的智慧。

三角牛

在屏東與高雄的交界處，有一個種滿油菜花的村落，每年農曆春節前後，暈黃的山谷層層疊疊，接連到天邊，站在尾寮山的西側眺望，簡直美得像一幅水彩畫一樣。

村民大多以農業為生，其中，有一位農民「財福仔」，他所飼養的一頭水牛生了一頭仔牛，這隻小水牛與一般牛並沒有任何的不一樣，但是在經過二、三年後，牠的左眼上方忽然冒出一個黑塊，並且逐漸隆起，後來冒出成為第三隻角，突變的角也隨著時間長大，長到大約廿公分，呈現捲曲狀。

看過三隻角的水牛的村民都嘖嘖稱奇，議論紛紛。

「國之將亡，妖孽橫生，這隻三角牛是不祥的徵兆，應該殺掉比較好。」一位老老師推推滑落到鼻頭的黑框眼鏡說。

「阿娘喂！我長到這麼大，什麼奇怪事都看過，就是沒看過三隻角的牛。」一位老阿嬤撐著拐杖，抽一口菸說。

「看，這是什麼碗羔？奇哉，怪哉？」一位戴尼龍帽的老紳士，嘟著嘴、搔搔下巴說。

村民繼續議論紛紛，有人說牠好、有人說牠不好，尤其老老師反對得最厲害，不過，財福仔還是將牠當成吉祥的象徵，管牠叫「福牛」。

隨著彩券熱潮的流行，很多彩券迷動上福牛的腦筋，希望摸摸「第三隻角」看看能不能帶來好運，老老師嗤之以鼻，認為這是芸芸眾生的貪念，總是說「天下沒有白吃的午餐」、「貪念是一切罪惡的開始」，要村人做好小孩的榜樣，不要教壞囝仔大小，才會有端正、優良的門風。

過了不久，果然有些彩迷陸續中了樂透彩，更增添牠的神奇性。一傳十、十傳百，連當初主張殺牠的老老師也來湊一腳，要「研究」這到底是怎麼一回事？每天以家庭訪問的名義造訪這戶農家和這一頭三角牛。

有一天，一位鄰居將在山坡上吃草的福牛牽去田裡藏起來，並依牠牛角捲曲狀的形狀，以及一條尾巴、兩個眼睛、三隻角、四隻腳等，簽了七萬多元的彩券。福牛被偷了之後，財福仔的大兒子四處找，不過他好像若無其事一樣。

「多桑，福牛丟掉了，你好像一點都不緊張。」大兒子在晚餐前向爸爸說。

「福牛既然選擇來我們家，自有牠的道理；如果牠去了別家，當然也有牠的道理，不必擔心啦。」財福仔邊扒飯邊說。

結果隔天鄰居所簽的彩券全部摃龜，只好將福牛放回來。

三角牛的傳聞漸漸傳開以後，一位經營馬戲團的生意人要向飼主購買，飼主以有感情了或家裡不缺錢而婉拒，也因此造成牠的身價逐漸上揚，市面上已有人出價到一百廿萬元，但飼主一直不為所動。

一位經營奇禽生意的男子在議價不成之後，開始動起歪腦筋，慫恿飼主同村的一名年輕人去偷，然後再付給他五十萬元。三角牛被偷之後，飼主依然每天下田工作，不急著找牛。老老師悵然若失，每天到學校先關心羅家的小孩，探問三角牛找到沒？一個月之後，奇禽行卻莫名發生火災，大批的動物都跑上街來，三角牛便一步一步的走回老家。

一位村民問飼主：「財福仔，這頭水牛有沒有帶來好運？」

飼主說：「平安就是福，家人一直都很平安，所以說，牠的確帶來很多的好運。」

村民又問：「既然是一頭福牛，照顧牠一定很麻煩，你是如何照顧牠呢？」

飼主回說：「福牛還是得下田犁田、拉牛車，才能保有福氣，跟養其他牛並沒有什麼不一樣。」

雖然財福仔不願張揚，但是想要摸牠的人實在太多了，最後，主人都以牛在山上吃草等理由加以拒絕，所以聞聲而來的民眾都難以再看到牠，村內的民眾也只得趁牠在山上吃草時，偷偷上山摸牠，再隨手拔一枝毛，回家擺在供桌上，祈求庇佑平安。不過，老老師卻得以每周大大方方的對三角牛作家庭訪問，然後回家作聯想數字的遊戲。

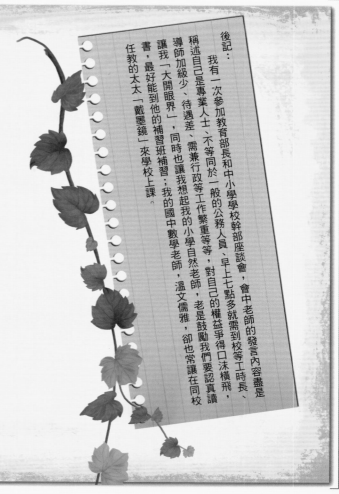

後記：
我有一次參加教育部長和中小學校幹部座談會，會中老師的發言內容盡是稱述自己是專業人士、不等同於一般的公務人員、早上七點多就需到校等工時長、導師加級少、待遇差、需兼行政等工作繁重等等，對自己的權益爭得口沫橫飛，讓我「大開眼界」，同時也讓我想起我的小學自然老師，老是鼓勵我們要認真讀書，最好能到他的補習班補習；我的國中數學老師，溫文儒雅，卻也常讓在同校任教的太太「戴墨鏡」來學校上課。

kakorot 山茶風味

在偏遠的鄉下有兩個工人，一個叫阿勇，另一個叫阿強。阿勇的左臉下方有一顆像綠豆大的黑痣，朋友都叫他「黑點仔」。阿強則終年戴著黑框塑膠眼鏡，人稱「目鏡仔」，他們平常喜歡彼此調侃。

聰明的工人

「打電話給烏龜，猜一種農作物？」貨車經過椰子林，野生山苦瓜爬滿園上的鐵絲圍牆，阿強在駕駛座上停下口哨，冷不防迸出這一句。

「目鏡！」阿勇在副駕駛座，將雙腳晾掛在車內黑色置物箱的上緣。

「拜託，是一種農作物好不好！」

「是什麼？芭樂、土豆哦，啊，我知道了，是目鏡仔吃土豆哦？」

「看，你是亂鐘哦，苦瓜啦！（台語，CALL 龜）」

「嗟也！」

　　他們也是一對好搭檔，開著小貨車四處承包清潔小工程。貨車沿著山路蜿蜒前進，經過虎仔墓、畚箕湖、白河水庫、仙草埔、姜仔崙路旁的土芒果樹粗壯地像一座座的綠色隧道，過了麒麟隧道再爬一段好漢坡，就來到這座日治時代就留下來的景觀公園。

「黑點仔、目鏡仔，我看你們兩人褲頭都綁在一起，乾脆這椿清理工程包給你們算了。」頂著平頭、小腹微凸的老闆叼著菸說。

「嗯，那要包多少？兩人一起做，每人一天一千五，至少要十二天，加上油錢等雜支，至少要四萬，那四萬好不好？」阿強推推眼鏡，向阿勇說。

 kakorot 山巷の味

「目鏡仔，四萬不划算，你是頭殼壞掉，做工就好了。這些波浪瓦和廢土石這麼多，至少也得要做個半個月，加上一輛貨車的消磨，四萬元不夠啦！」阿勇揶揄阿強不會估算工程。

「不瞞你們說，現在景氣這麼差，扣掉稅金和請局長等官員喝酒，我也沒什麼賺頭，只是要讓執照不要被卸掉而已！你看，你看，這工程總共才五萬二而已！」老闆皺著眉頭、眼神專一，誠懇又緩慢地從公事包中，抽出工程合約書給他們倆看。

「哦？」兩人翻著合約書，盯著國字大寫的伍萬貳仟元等字眼不放。

「四萬是總工資，我個人再添加三千元讓你們去喝一攤，如果要再多，也沒有了。」老闆看兩人遲疑，抖抖菸灰，慢慢地吐出煙氣說。

　　老闆走後兩人來個 GIVE ME FIVE！呵呵大笑，拍手慶幸彼此搭配得好，多爭取到三千元的工資。嶺上的樟樹林蓊鬱而茂密，枝頭上不時傳來「咕─咕咕─咕─咕咕」的斑鳩叫聲，忽遠忽近地唱和著。

第一天，兩人早早就上工，中午吃過飯後也不休息，烈陽從樹隙直射下來，依然熱得發燙。阿強和阿勇揮汗將在山坡上搭蓋房屋所剩下的波浪瓦，一疊一疊的堆起來。

第二天，阿勇在屋頂上，將瓦片一塊一塊的丟給底下的阿強。不過，常常失了準頭，波浪瓦因此砸得粉碎，處理起來更費時費力。第三天，兩人以為是默契不好，換阿強在屋頂上，丟給阿勇接。不過，情況依然。中場休息時，兩人喝著冰涼的維士比加黑松汽水，思忖著工作的進度怎麼這麼慢？

第四天，兩人坐在石堆上，悶悶地抽菸，想著如何解決。

「要是有一條輸送帶就好了。」阿勇斜躺在樟樹幹下，看著腳下的紅螞蟻排成一排輪流搬著掉落的飯粒和昆蟲，喃喃的說。

「對，對！我們就是要有一條輸送帶。」阿強附和著回說。

山林涼風徐徐，兩人想了想，試著在工地現場找來四片大模板連接起來。不過，波浪瓦有時會滑出軌道，摔得粉碎。於是，再找來五根塑膠小水管，固定在模板中間，波浪板的凹槽就固定方向往下滑行。後來又為免波浪瓦落地震碎，又找來兩個廢輪胎墊底，就成了一條簡易型的輸送帶。

　　兩人有了輸送帶，一人在上、一人在下，工作起來輕鬆多了，而且速度又快。六天之後，就將全部的波浪瓦和廢土石運送下山來，邊開車邊吹著口哨踏上歸途。阿強將車子逆向停靠在「阿秋檳榔」前，買了五十元的包葉檳榔，找零的五十元一時沒有接住，掉落輪胎邊，檳榔西施撿起來直說「歹勢！歹勢」。

「錢還會跑喔！腦筋急轉彎，身分證掉了怎麼辦？」阿強塞了一口檳榔後，轉頭向阿勇就問說。

「再申請一張了！」阿勇也逕自拿了一口嚼了起來，吐了一口檳榔汁後，隨口回說。

「掉了撿起來就好，幹嘛申請咧？」

「嗟也！」

為免讓老闆覺得他們太輕鬆、太好賺，過三天之後，兩人才到老闆家向他請款。兩人一進門，就遞給老闆一根長壽菸，頻頻向他抱怨說，下次算做工的天數就好，不要用包的，太累人了。

「這樣夠意思吧！」老闆聽後，爽快地從抽屜中算了四十三張大鈔給他們，又另外從褲袋中抽出一張大鈔，請他們去喝維士比加黑松汽水。

當晚，月色有點朦朧，天星也在昏黃月色的暈染下，同樣稀稀不明。老闆將正本的工程合約書歸檔，將給黑點仔和目鏡仔看的合約書丟進廢紙回收箱內，並戴上老花眼鏡在帳冊上寫下：「公園雜物清理工程：收入95000元，支出44000元，公關14250元。」之後，在沙發上點上一根菸，翹著二郎腿，眼睛瞇成一縫線，深深地吐了一口菸圈。

後記：
　　有一天午後，一位上人在眾多弟子的簇擁之下來到我的辦公室，順手帶了些資料與「伴手禮」，心想連化外之人也這麼社會化。竊喜之餘，打開一看，卻是一個存錢筒，要我把每天口袋中的零錢放進去之後，再回捐給他們做善事。頓時，哇咧，臉上好像出現三條線……

kakorot

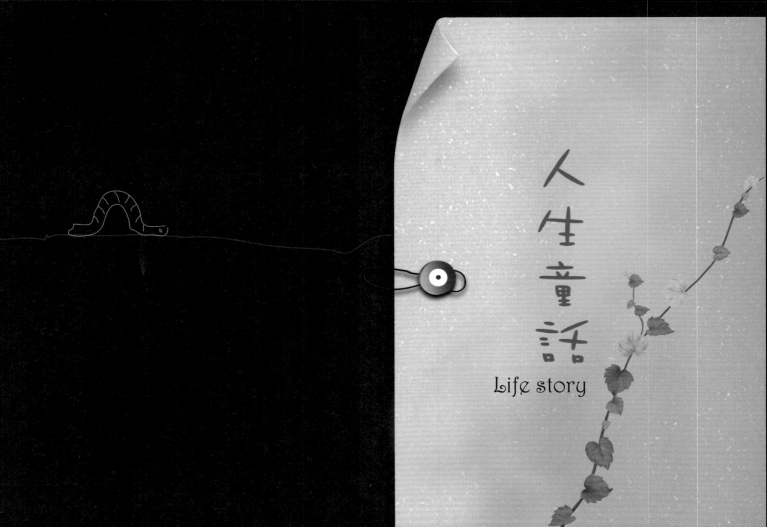

人生童話

Life story

一位現代武者

　　有一位住家居士，自幼學習南拳、詠春拳和太極拳，人稱「彭師傅」，在他習武廿八年之後，身材逐漸走樣，啤酒肚甚為明顯，而且爬樓梯時常喘得上氣接不著下氣，為了戒酒健身以及更深入體悟武功禪的境界，決定環島苦行。

苦行中，他一直在體悟練武是「防身」還是「防心」？他心想：「防身」是基本定義，如今要延伸保健的觀念，往「防心」的方向前進。他又想：「防心」就是防止心情起伏不定，產生瞬間暴力，尤其習武之人，動輒會致人重殘，所以要學習忍一口氣、嚥下一口氣，才能大事化小、小事化無。

　　沿途上，他在台十七線公路上遇到嶄新的道路卻又要開挖；在屏鵝公路看到自來水管破裂，自來水不停的汩汩而出。當居士行經南迴公路時，遇到一位和尚與幾位信眾正要前往台東都蘭山一間寺廟掛單，於是便同行。一行人走著走著，剛好遇到送葬隊伍，靈車沿途拋灑冥紙。

「現代人真不環保，人都死了，還將冥紙灑得滿街都是！」彭師傅邊走邊向和尚說。

「嗯，是啊！阿彌陀佛！」和尚雙手合十說。

「實在真倒楣！這種風俗應該要改一改！」彭師傅被吹起的冥紙灑得直揮卻。

「是啊！阿彌陀佛！」和尚又雙手合十說。

　　當天傍晚，彭師傅的左眼皮跳個不停，心知不妙，猜想可能得罪了往生者。

　　「師父，你好，不知怎麼了，眼皮跳個不停！」彭師傅左手捻著左眼皮說。

　　和尚教他雙腿盤坐，深呼吸，和尚也端坐在一旁，雙手自然下垂，然後抬起右手輕輕按住武者的眼皮，緩緩的說：「阿彌陀佛，觀世音菩薩救苦救難，化、再化、三化，一來三化，佛來佛斬，魔來魔斬；佛來佛斬，魔來魔斬……原路來原路歸，吾佛作主！去！」和尚左手捻珠地唸唸有詞，右手時而在居士的頭頂上揮卻，然後踏地頓足作結。

　　過了一會兒，居士的眼皮就不跳了。

　　彭師傅一再稱謝，堅持要請和尚等人吃齋飯，不過，一路上都是海產、烤小鳥等店，找不到素食店。

「阿彌陀佛！施主不必麻煩了，一般麵攤也可以。」和尚雙手合十說。

「阿彌陀佛！怎麼沒有酒啊！」一行人進入一間名為「黑白切」的麵店，一坐下和尚就問說。

「大師，你不忌諱喝酒啊？」彭師傅自己也好杯中物，所以喜孜孜的說。

「沒關係，我今天有向佛祖請假！喝一點點沒關係，阿彌陀佛！」和尚回說。

　　和尚向店家要來一個磁碗，武者以為他要將葷素分開，不過和尚卻將二鍋頭倒入磁碗內，仰頭一飲而盡，接連喝了三碗，然後才打第一聲嗝，居士看得目瞪口呆。

「這沒什麼，只是無心爾爾。」和尚拍拍肚皮說。

「喔？什麼意思？」彭師傅回過神，應說。

「喝酒就是從高處往低處倒，喉嚨只是借過而已⋯⋯好像流水一樣，自然順滑⋯⋯」和尚說。

「喔？喝酒就是從高處往低處倒，喉嚨借過而已；喝酒就是從高處往低處倒，喉嚨借過而已⋯⋯」居士似有所悟的一直低吟這句話。

　　彭師傅回到台北之後，心境大為舒坦，不再主動邀人飲酒，也不拒絕別人的飲宴，不迎不送有如鏡子一般，而且一喝起酒來，酒量變得更加宏大，態度靜默而不誇飾；不談體悟，打起拳來更加收放自如，有如行雲流水。

後記：
　　我住的村子裡有一位七、八十歲的老阿婆，鄰居村婦在初一、十五老是要邀她一起去佛道壇聽經說道。她每次都回說：好腳好手，不去做實頭（工作），要人做乎吃，世間哪有這種巧人和憨人！有一次，一位師姊向她勸募，她又說：做善事我自己會做，經由妳的手代做，我就沒有做到了！

山地原味
kakorot

老闆與和尚

　　在東海岸一處懸崖邊上有一間咖啡廳，座位採開放式，可以面向太平洋，也可以遠眺綠島。老闆是一位好打赤腳、不修邊幅、喜歡玩石頭也好結交朋友的雅痞。由於他在家排行第九，所以人稱阿九、九哥，他留著長長的頭髮，戴著絨毛帽子，頷下有稀疏又微捲的山羊鬍，終年都打赤腳，人稱「赤腳老闆」。

由於他的咖啡店附近的景點十分優美，可以看海聽濤賞落日，同時他煮的咖啡特別香濃，加上老闆終年打赤腳等特色，生意逐漸好起來，在口耳相傳之下，外地人都知道有個打赤腳的咖啡店老闆，私下暱稱他「赤腳仙」。

「你有多久沒有打赤腳了？」這是一個海風襲襲、蜂蝶飛繞的近午時分，詩人飄翁在咖啡店，邊品嘗咖啡，邊向朋友反問說。

「確實很久了……」詩人的朋友右手撫摸著下頷，陷入沈思中。

「赤腳讓身體和大地接觸，身上的負離子才能中和掉，這是有醫學根據的。」一位醫生在咖啡店看著阿九的赤腳也聊說。

「是啊，我跟你們說喔，而且腳底按摩又能減肥哦。」醫生的太太挺胸，掐掐自己的小蠻腰，應說。

醫生的朋友們頻頻點頭，然後起身伸個懶腰，脫下運動鞋，讓腳丫子在石子地上抖著。

有一年冬天，阿九沒有打赤腳，他的朋友阿昌感到好奇，問說：「阿九，你今天怎麼沒有打赤腳？」阿昌抖了抖菸灰，問說。

阿九沒有理他，端著兩杯咖啡給遊客。

「阿九，你今天沒有打赤腳，是腳踩到鐵釘嗎？」阿昌又追問說。

山霧の味

阿九又端著爆米花走過他的身過,沒有理他。顧客也慢慢注意到「赤腳仙」沒有打赤腳,議論紛紛,討論他今天為何沒有打赤腳?

阿昌看阿九忙完顧客的餐飲,一個人走進岸邊的花園裡,採擷波斯菊的種子,追問說:「阿九,你今天怎麼沒有打赤腳?什麼原因,多少也要講一點?」

「哭飫啊,今天天氣這麼冷,不穿鞋子會冷死啊!你是要讓我冷死喔!」阿九左手捧著小塑膠盆,右手拿著剪刀,甩了甩手說。

山區幽深靜謐,在咖啡廳往泰源幽谷的深山裡面,住著一位和尚,他自己蓋了一間精舍,自行念經修行,每隔幾天的傍晚都會打赤腳下山採購生活必需品,或是揹著大包小包到街上、海邊走走看看,然後再悠哉游哉的漫步走回家去,由於他律己甚嚴卻又和藹可親,村子裡都知道他是一位有道行的和尚。

　　和尚路過常會進去咖啡店喝杯礦泉水，靜靜的欣賞遠處的漁船，或是靜靜的翻閱佛經。

　　老闆看師父氣定神閒、眸定神清，猜想他道行應該很高，又同是「赤腳一族」，想要和他結交，以便請教他關於人生哲理等問題，心裡一直盤算著，可是都因為要幫客人煮咖啡而延宕了下來。

　　有一天午後，蟬聲唧唧，微風徐徐，整個店裡剛好都沒有顧客上門，老闆斜躺在排椅上打盹。這位師父在買完清香、靜香等生活日常用品之後上門，老闆於是起身趨前，端了一杯礦泉水之後，向師父合十說：

「阿彌陀佛，師父，我能和你交朋友嗎？」老闆帶著微笑向師父說。

「阿彌陀佛……」師父猶疑了一下子，回說：「這問題……我明天給你答覆！」

　　師父當晚想了好久，一直想著眾生平等、分別心的意義。想了一夜，隔天一大早開始翻閱佛經，查閱佛林逸事。

　　第三天，他枯坐在院子裡的竹林前，一直想著要不要和咖啡店老闆交朋友。當晚，終於想通了，下了決定。

　　第四天一早，師父漫步到海邊等老闆來開店。老闆直到九點多才姍姍來開店，看見師父在店門口，就招呼他喝一杯白開水，然後一直在店裡忙進忙出，又拿了大剪刀和掃把出去，在店門口整理花木、掃落葉，根本忘了要和師父交朋友這一檔子事。

kakorot

老闆忙到十點多，才進店來。

師父見老闆進來，起身合十嚴肅的說：「阿彌陀佛，施主，你那一天問的問題，我想了很久……」

「師父，是哪一件事啊……」老闆打斷和尚的話，眨眨眼睛說。

「是我們要結交朋友的事。」

「哦？」

「我現在正式向你答覆『不行』，因為眾生平等，不能有分別心，渡了你就不能渡眾生了……」和尚嚴肅又不好意思的說。

「哦？隨便啦。」老闆聽了，眨了一下眼睛說，然後起身到櫃台忙著。

後記：

　　我有一位朋友叫「鍾師父」，他修習西方如來佛祖的佛法，他有位弟子素樸淡泊、自持甚嚴，佛性大顯。不過，師父每次邀他出門進香，他不是擔心雨季容易山崩路陷，就是煩惱會麻煩到別人，不然就是今天應允、明天又反悔，師父要他心無掛礙才能精進，他卻總是在「心無掛礙」的字面上打轉，無法深透到去繁化簡的精義。

從前，在東海岸靠近七里溪這個地方，住了一個老人叫「阿樂仔」，長得瘦瘦高高的，兩撇眉毛呈現大八字型，腰際間繫了一個灰色的小布袋，裡面放了一台迷你型的收音機和菸草、打火機等雜物。

死亡記事

　　他講話比一般人慢半拍，喜歡參雜一兩句的日語，沒脾沒
氣地，平常喜歡在海邊走走，撿一些奇形怪狀的漂流木，然後
帶回家曬乾、磨光，製成各式的擺飾品，也偶爾嚼一點檳榔、
抽一點菸、喝一點小酒，和一般人沒什麼差別。

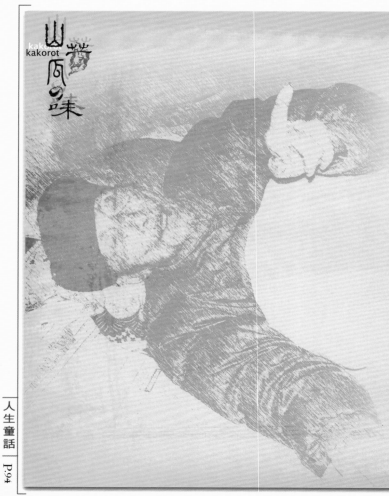

山醬瓜の味
kakorot

在他七十八歲的一日早上，媳婦要叫他起來吃早餐，叫不醒，摸一下額頭，身體早已冰冷。衛生所的醫生在測不到心跳、脈搏之下，於是開立死亡證明書給他的家屬，醫生走後，家中一片哀　，在台北、高雄的兒子和女兒也紛紛趕回來奔喪。

「啊……你們……在哭什麼，我的肚子……好餓，趕快……去端一碗番藷粥，來……給我吃。」老人在接近中午的時候，突然從床上慢慢地坐起來，嚇得媳婦們跌坐在地上。「啊，我的……拉Ｚ歐（收音機）咧……」老人接著又說。

過了半年，老人又死了，家人有了第一次經驗，直到他斷氣了四小時，才請衛生所醫生來檢查，醫生這次檢查特別仔細，折騰了半小時，才慢慢的開出死亡證明書。家屬們於是買

來壽衣、壽褲幫他穿上，在靈前啜泣，在台北、高雄的兒
子和女兒也接獲通知，趕回來奔喪。

「哭飫仔喔……是誰……幫我……穿死人衫，是誰……」
老人醒過來，看見自己穿著壽衣，右手攥著胸前的衣服，
幽幽地問說：「啊，偌嘸看到……我的拉Ｚ歐咧……」

「啊！」媳婦們嚇得往門外衝，隨後探頭看公公怎麼了。

又過了三個月，老人又死了，媳婦們不敢再靠過去，改由兒子們陪伴在他身旁，家人擔心他可能又會醒過來，所以暫時不通知台灣的親人回來奔喪。衛生所的醫師在看過之後，說等明天再看看。果然，他在死了六小時之後，又慢慢的甦醒過來。

「這次……我回去，一個人一直走、一直走，看到了阮多桑……阮歐甲桑……還有我叔公……金水嬸……等人，我想，我的日子不多了……走累了，看到……好多人在排隊……坐車……要上車的時候，開車的運將……還說我不是……搭這一班車，要我……等下一班……」老人幽幽的說：「不知……那裡……會通聽……拉乙歐嘸？」

隔了一年，老人終於死了，家人先將他送進殯儀館冰起來，封棺當天才將他接回來，封棺之前還在退冰。住在台灣各地的兒女、姪孫這一次才帶著老小回來奔喪。

　　「阿嬤，阿祖怎麼在流汗？」老人的女兒帶孫女回來見老人最後一面，問說。

　　「憨孫仔，阿祖⋯⋯因為⋯⋯第一次死，較⋯⋯沒經驗，所以較緊張，才會⋯⋯流汗⋯⋯」婦人牽著孫女的手，遺傳父親說話慢半拍的習慣，一句一句的說。

　　「應該不是吧，是阿祖死了好多次都死不去，這次為了要死成，才拼得滿身重汗吧！」二媳婦冷冷的說。

後記：
　　一位從事看護的歐巴桑熊媽媽講她的看護經驗給我聽，她的眼睛大大地，比手劃腳、活靈活現，讓這個故事的故事性更強，而且帶有一點趣味性；後來我轉述給小朋友聽，幾乎聽過的都哈哈大笑，忘了死亡的恐怖與驚懼。原來，死亡概念也可以這麼輕鬆的來面對。

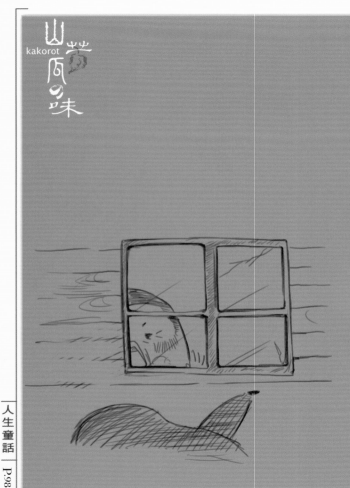

壓花兒的療傷帖

台灣農村早期有「壓花」（一說壓生）的習俗，也就是家裡如果有幼兒一再夭折，養不活，去收養一個來混淆命運之神，就能壓制厄運，子嗣夭折的情形就會完全改觀。「文拿」的養父在六十多年前，生了七個子女都夭折，直到收養他之後才改善，之後又順利生了六個子女都存活。

文拿今年已經六十二歲了，歷經被收養、被弟妹看不起、家庭地位低落、擇偶不順、車禍、中風等人生大波浪之後，常常感嘆自己的人生沒有春天了。每當看著屋後破敗的蜂窩，觸景傷情，他就想喝農藥自殺，終結自己坎坷的一生。

「喝什麼好呢？電視廣告的『年年春』應該較好喝！不會嗆人！」文拿情緒低落時，就想起這一個問題。

一日午後，天氣異常悶熱，他的房間又沒有裝設冷氣，「天氣這麼熱！坐著也逼出一身汗出來！天公伯存心要和我作對！要來糟蹋我這廢人！」自怨自艾一陣子之後，拖著右手右腳，一跛一跛地走向釋迦園的工寮，想要找「年年春」自殺，在工寮的紙箱內翻來翻去，只有「固殺草」、「萬靈粉」、「毒絲本」，就是找不到「年年春」。

「沒有『年年春』，『毒絲本』的味道又這麼嗆鼻！」文拿左手拿著「毒絲本」，旋開聞了一聞，然後整個人斜躺在躺椅上，一直想說。

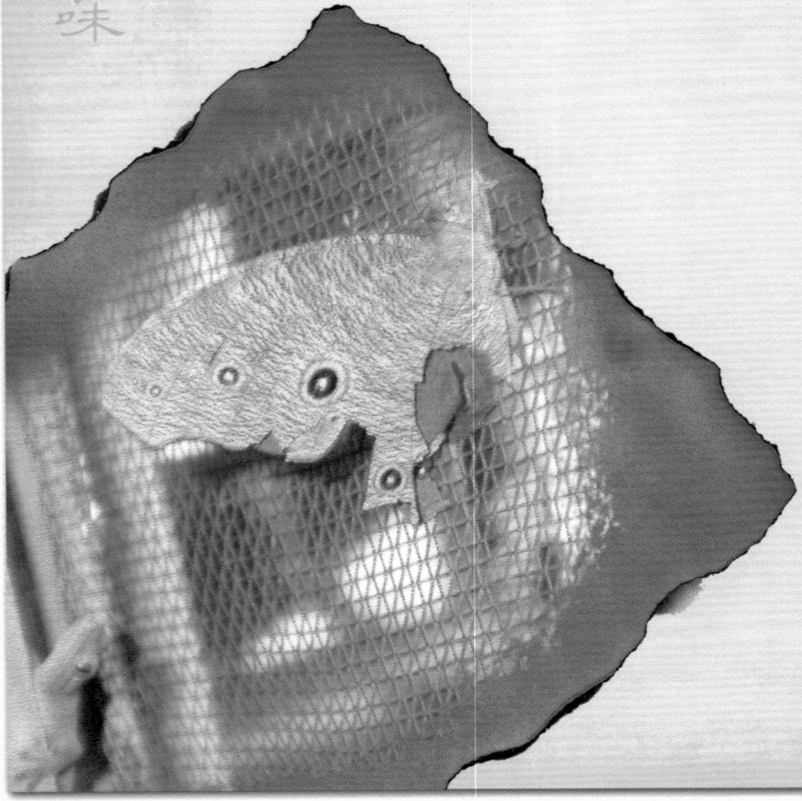

kakorot

山茶風の味

窗外涼風徐徐，竹林聲「吱—吱—咕」的搖著，文拿在躺椅上想著想著，不知不覺就睡著了，醒來，精神飽滿，慢慢將瓶蓋旋緊，擦掉溢在褲緣上的農藥，戴上他的尼龍帽，一拐一拐的走回家去。

幾天後某日，吃完午飯。文拿向弟弟要一千元買檳榔、香菸當零用，被數落了一頓，悻悻然地折回房間生悶氣。癱坐在鐵椅上，越想越氣，「噗—噗—」紗窗上的異聲轉移了他的目光，原來是一隻停在紗窗上的飛蛾，被蜥蜴啄了好幾下，美麗的蝶衣已破損，見景生情，他又萌生起喝「年年春」自殺的念頭。

午後，他戴著尼龍帽，一拐一拐的、慢慢的改走向叔公家的釋迦園工寮，經過社區小公園，巨型男性裸體木雕像十分醒目，他忍不住嘀咕著：「看！總有一天我要燒了你，什麼卵鳥嘛！」

溪水衝擊涵洞，清脆咚咚價響，蟬聲此起彼落，叫個不停。

「咦？」他走到工寮門前，被濃重的喘息聲所吸引，慢慢地從工寮窗戶往內瞄，裡頭竟然有一對年輕男女在廝磨，男的挑染一頭紅髮，一直埋頭在女學生模樣的雙乳之間游移磨蹭，女的雙臂緊緊地抱著男的，仰頭呻吟著，一頭齊肩的秀髮散披在床頭間。

「好年輕的肉體喔⋯⋯肉材白皙，屁股都沒有一顆痘子耶⋯⋯」他仔細地瞧，從頭看到尾，不敢眨一下眼，心裡自忖著。然後癱坐在窗戶底下，聽這對年輕男女在呻吟、呢喃，涼風襲襲，聽著、聽著，不知不覺的就睡著了，醒來時，太陽已經下山，野鴛鴦也早就不見蹤影了。

三天之後的午後，他又一拐一拐的走向叔公的工寮，經過了公園，不自覺地想「這支卵鳥實在真趣味！」走過水圳上的水泥橋，他先從門後的窗戶往內瞄一瞄，什麼都沒有。

「喔？今天不是禮拜天，所以他們沒來？」文拿慢慢的走進工寮，坐在鐵椅子想說。

「真是精彩！年輕就是本錢……」他想著想著，不禁笑了出來，還流了一線口水。

　　禮拜天的午後，他興奮地一拐一拐地走向叔公的工寮，途中買了一包五十元的包葉檳榔和一包長壽菸，心想著待會兒那對年輕情侶會不會再出現？越走越快、邊走邊笑，根本忘了要自殺這一檔子事……

後記：
　　我有一位學弟，在讀大學時就很喜歡談戀愛，女朋友一個追過一個，每次失戀總是消沈了好一陣子，任憑誰勸也沒有用。在他卅三歲時，又失戀了，不過，卻好像沒什麼要緊的樣子，問他為什麼？他說原來生命像水一樣，都會自我療復！

猴嘸才會這樣

　　從前，在東部呀里叭山下住著一對夫婦，一天到晚愛鬥嘴，久而久之，「死老猴」就變成男主人的綽號了；男主人懶得理老伴時，就迸出「猴嘸才會這樣！（台語）」，將「著猴」省了一個字，這句話也就變成他的口頭禪了。

　　有一天，男主人到出海口捉魚苗、蝦苗，由於低頭太過專心，卻不知一個大捲浪來襲，他就被突如其來的大浪潮捲走，隔天被人發現時，已卡在岩石邊溺死了，從此女主人「錦惜仔」只得和唯一的女兒相依為命。夜深人靜時，總是望著老伴在廳堂上的遺照，喃喃地學老伴的口頭禪說：「猴嘸才會這樣！」

　　六年後，她的女兒嫁到高雄去，日子越過越覺得孤單，翻看舊照片的次數越來越頻繁。之後，她常常為了聽一句「阿嬤」，得坐三個小時的車程到高雄看女兒，聽兩個孫子雅雅和朱朱叫一聲「阿嬤」，逗弄他們、看看他們的小腳丫有沒有在長大，然後再坐三個小時的車子回台東。

有一天，老婦人在釋迦園工作，累了坐在樹下休息、喝口茶，突然想再聽孫子喊一聲「阿嬤、阿嬤」，但是又聽不到，於是在田埂上嘆氣。

「錦惜仔，妳那麼想孫子，乾脆養幾隻八哥，讓牠們叫不停，不就可以一解思孫之苦了。」和她一起工作的鄰居看她在嘆氣，心想她一定在想孫子了，就開玩笑的說。

「猴嘸才會這樣！（台語）」老婦人搝搝斗笠，有意沒意地說。

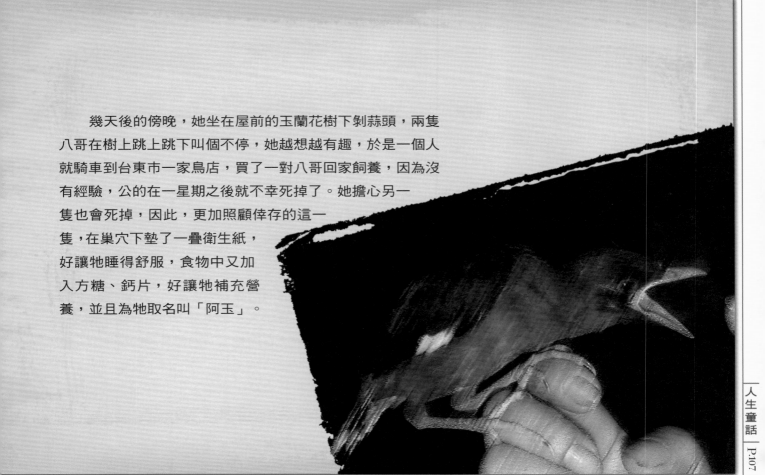

　　幾天後的傍晚，她坐在屋前的玉蘭花樹下剝蒜頭，兩隻八哥在樹上跳上跳下叫個不停，她越想越有趣，於是一個人就騎車到台東市一家鳥店，買了一對八哥回家飼養，因為沒有經驗，公的在一星期之後就不幸死掉了。她擔心另一隻也會死掉，因此，更加照顧倖存的這一隻，在巢穴下墊了一疊衛生紙，好讓牠睡得舒服，食物中又加入方糖、鈣片，好讓牠補充營養，並且為牠取名叫「阿玉」。

阿玉在老婦人的悉心照顧之下，活了下來，羽翼漸豐，只要老婦人推開紗門，發出「吱－砰－」的聲音，阿玉就張著黃嘴，吱吱叫的要討食物吃。牠鼓動著翅膀，張著大大的黃嘴，十分逗趣可愛，老婦人一邊灌食食物，一邊對牠說「阿－嬤－阿－嬤－阿－嬤！」好像要餵食小嬰孩一樣。

過了不久，阿玉的翅毛長齊，會跳上椅背上，張嘴討食物吃，並且啞啞的叫「阿－嬤」，老婦人一聽就拿一筒草籽給牠吃。每當老婦人在田裡發現過熟長蟲的釋迦就帶回來，一進門阿玉就叫個不停，在老婦人的肩膀、手指上跳上跳下，來回穿梭，讓她備感欣慰，生活再度覺得有趣起來。

「雅雅和朱朱回來，三個囝仔玩在一起，一定很熱鬧！」老婦人心裡常常這麼想著。

　　自從有了阿玉之後，老婦人每天中午因此都會回來吃午飯，不再在田裡過了，然後一邊餵阿玉吃草籽，再一邊看午間連續劇，常常誤將阿玉的草籽當成自己的飯來吃，等到要扒進嘴巴時，聞到味道才知錯把草籽當飯吃，惹得自己一陣大笑，自言自語的笑說：「猴嘸才會這樣（台語）」。

　　從此，阿玉就扮演起開心果的角色，「阿一嬤，阿一嬤」叫個不停，老婦人出去訪友、探病也帶著牠出門，啞啞的叫聲讓孤單的老人們再度展露久違的歡顏。

後記：
　　我有一位歐吉桑級的朋友，養了一隻九官鳥，好教牠說話「你好！人客，來坐！」後來更教牠說「憨面仔」。有一次，他和其他歐吉桑聊天，為了五穀政策而爭執，牠冷不防地直說：「你憨面仔！你憨面仔！」讓大夥兒火氣全消。他說：「人生的趣味就在這兒！」

仙人打鼓有時錯

　　從前，有一個修道人，叫作清心道人，師承純陽真人，修習自然功法。臉型天方地圓，印堂凹陷，左眉前端有一顆大黑痣，隱而未顯，鼻子高而直挺，耳下肥而有彈性，口吐淡淡的檀香。他每天在自家的「寂默堂」上靜坐，修習「如意禪」，有時雙盤、有時單盤、有時側躺，學習放空、冥想等基本功，裊裊的靜香隨著他的呼吸，緩緩的散發在堂中，心思也乘隨著煙霧飛散了。

當他澄心靜坐時，窗外的風雨聲，激不起心湖上的一波漣漪；遠處的狗吠聲，乘著自由風吹淡了；呼嘯而過的汽機車聲，被心田旁的綠帶給阻隔了下來，他幻化做一個釣客，乘著膠筏在大海中垂釣，幾乎接近「心田不長無明草、覺苑常開自由花」的階段了。

　　有一天夜裡，月色朦朧，晚風徐徐，蟋蟀聲遠而近地吱叫著。他在靜坐放空時，雙眼的眼球慢慢的浮向前，然後慢慢地往內聚攏，重疊在眉心，再緩緩的向正上方飄移，四周呈現出淡紫色的光暈，一片寂靜。此時，電話聲一直響，他都沒有聽到。

「徒兒清心，你怎麼來這裡？」白髮仙翁手拿拂塵，腳下一片薄霧，問說。

「我也不知道，我放下之後，心無掛礙就來了。」道人一臉疑惑，拱手回說。

「嗯，不錯，不錯！精進不少！」白髮仙翁點頭微笑說：「來，陪師父走一下。」兩人便在太虛幻境漫步遊歷。

　　當晚，他做了一個夢。在師父的帶領下，他和一群師兄弟來到一處山壁峭立的懸崖，崖壁寫著「無心塢」，師父教授他們「御風而行」的法術，秘訣就是「無心」，只要真正做到「無心」即可凌虛而行，教完之後一一驗收。師兄弟們一個接一個起立試驗「無心」的領悟力與領受度，但沒有一個能夠踩空。輪到他時，他不假思索，如履平地般地凌虛而行。

「師弟，你怎麼做到的？」

「是不是太極之道？是陰陽相濟嗎？」師兄弟們圍著他七嘴八舌的問著「無心」的精義。

「我也不知道，我心無掛礙後，整個人就浮起來了！」清心雙手反背著，在空中邊走邊說。

「能夠高一點嗎？」一位師兄看他腳底只有離地面浮高約卅公分，狐疑地問說。

「諾！」清心心念一動，馬上升高約半個人高。

　　有一年農曆過年後，因經濟大蕭條，職場不順遂，拖到五月下旬，他在靜坐思索何去何從時，電話鈴聲突然響了起來，嚇了一跳。他的四位朋友肉忠仔、阿富仔、貓王和翁仔邀他一起在他家附近的一家小吃店喝酒，朋友將一箱的啤酒全部放在酒桌上，吆喝一聲說要全部喝完，五人第一輪喝掉五瓶、第二輪喝掉十瓶、第三輪喝掉十五瓶，第四輪就慢了下來，又加點了秋刀魚、山苦瓜炒鹹蛋、菜圃蛋，才慢慢地將桌上的全部啤酒喝光光，之後又叫了幾瓶隨意喝著。

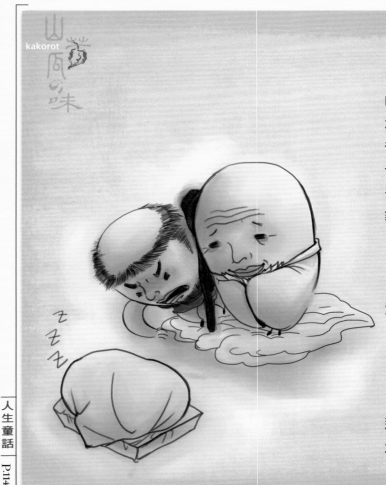

街燈昏暗，金龜子趨光飛撞地咚咚價響，街上的阿勃勒掛著串串的鈴鐺，隨著晚風輕輕的搖擺著。酒後，清心道人就和體型差不多的貓王醉醺醺地步行回來，兩人邊走邊對著電線桿、圍牆旋尿（小便），一路顛倒訕笑。回來之後，道者掀開蚊帳，將貓王丟到自己房間的床上，自己逕自到姊姊的空房間睡，貓王側身把薄被一拉，蒙頭就睡死了。

夢中，白髮仙翁和李鐵拐踩踏虛空來造訪。

李鐵拐說：「仙翁，你看，清心徒孫不修性澄心，竟然還跑出去喝酒，如何能悟道。」

白髮仙翁說：「唉，不要管他了，時候到了，自然就會開悟了。」

李鐵拐看不過，從雲端上斜飛了下來，往床上那弓著身體的大腿上重重的擰了一下，不過，卻都沒有反應。

　　隔天，貓王說：「奇怪了，昨晚喝太多了，不知道撞到什麼東西，大腿上一塊黑青。」

　　此時，清心道人心中暗自竊喜，心裡想說：「原來仙人打鼓有時錯，腳步踏叉誰人嘸！」

　　從此，清心道人在和道友們講經論道時，總愛講這一段「仙人打鼓有時錯，腳步踏叉誰人嘸」的故事，慢慢的成為居士們津津樂道的道界逸事。

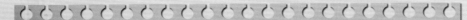

後記：
　　百合花原本是一株一朵花。很多年以前，我在台東太麻里的金針山上，曾經看過一株百合花被病毒入侵，竟然病變，開出一百二十三朵花，成為花中之后；同時，還有一位朋友因職務調動被調往台東，初到之時語多怨懟，後來如倒吃甘蔗，五年之後，卻造就了一位傑出的攝影師。

山嵐の味
kakorot

從前，高屏溪出海口常氾濫，政府為了保護兩岸百姓的生命財產，於是在溪口兩岸修築了堤防，堤防從出海口一直往中央山脈的方向延伸，所以土質慢慢被分割成兩種，河床上仍屬沙質，大多栽種蘆筍、豆薯、花生，堤防外則屬於一般的黏性土壤，栽種香蕉、蔬菜、稻米等農作物。

芋仔伯學騎車

在南岸的溪埔這一個地方，住著一個農民叫「鳥園」，他不種蘆筍、豆薯，也不種香蕉、稻米，偏愛種植芋頭，因為常年栽種芋頭，村子裡的人於是叫他「芋仔（鳥仔）」，他卻總是裂著大嘴笑臉迎人，見人就揮手說「吃飽沒？」、「要去哪裡？」頭上總是戴著印有「好年冬」的尼龍帽。

他年輕時，就習慣打赤腳走路、工作，當村人隨著經濟發展，慢慢買腳踏車、摩托車代步，他還是喜歡打赤腳走路，用肩膀來扛農作物，即使雙腳已成Ｏ型腿，也不改初衷。別人笑他傻，笑他跟不上時代，他總是笑嘻嘻的，一點也不生氣。

南台灣的太陽既豔又毒，農路上的水牛累喘吁吁，嘴裡拉下好幾線的口水，路兩側的牛筋草尾端病懨懨地幾乎快點地。

「芋仔伯，點仔膠路燒燙燙，你的腳底不燙嗎？」一位年輕農夫阿成仔騎機車載了一車的牧草，停下來問說。

「不會啦，我有穿『皮鞋』，沒啥感覺啦。」芋仔伯揮手回說。

「騎車卡輕鬆啦，卡省事啦！」

「我的十一號免吃油咧！以後免驚石油危機。」

「你一直用肩膀擔東西，使用過度會崩塌去。」阿成仔又調侃著說。

「沒法度啦，甘苦人啦！以後逃難才跑得快咧。」芋仔伯微笑應說。

　　過了數十年，當他做了阿公，孫子看別人家的阿公都騎車子載他們出去玩，所以老是吵著要他騎車載他們四處兜風。「阿公，騎車車！」他才開始想要學騎腳踏車。芋仔伯為了載孫子遊玩，早也學、晚也學，堅持一定要學會騎車。

　　有一天傍晚，火紅的夕陽還高掛在高屏溪上端。他剛稍稍學會騎腳踏車，就騎著到堤防邊試騎看看。騎著騎著，草叢邊的田鼠發出一個怪聲，他一閃神就不小心衝進水溝去了，摔得人仰馬翻。不過，他馬上把車子牽起來，拍拍身上的灰塵泥土，繼續學騎車，還是沒有放棄學會騎車的願望。

又有一次，黃昏的餘暉遍灑在河床上的水田。芋仔伯騎到堤防上試騎，騎著騎著，越過一個河堤之後，坡度變大了，芋仔伯見車子速度變快了，一時緊張起來，有點手足無措，和土仔伯的來車撞個正著。

「歹勢，歹勢，我剛學騎車，還不會騎，真歹勢。」芋仔伯邊扶土仔伯邊說。

「你還敢講，不會騎，怎麼撞得準準準。」土仔伯調侃的說。

「歹勢！歹勢！真歹勢。」芋仔伯一直賠不是，還是沒有減低他學騎車的興趣。

就這樣，他終於學會騎車了。在清晨，他將孫子放在前座的橫桿上，載他去芋田裡看芋頭在長大；在黃昏，他笑咪咪的載著老伴去巡田水。徐風拂過他的鬢髮，他一踏一踏的向前進，老伴則一幕看過一幕⋯⋯

後記：

　　我有一位朋友的弟弟「昇仔」，染上了酒癮，每天一大早就得與酒為伍，天天瘋顛痴笑，儘管家人苦口婆心勸他或帶他去大醫院看精神科、戒酒癮，但效果十分有限，家人最後沒辦法只好任由他去了。有一天傍晚，他去一家準備新蓋大廟的宮宇找酒喝，剛好關聖帝君的乩童起乩，說他被一生前溺斃的「瘋神」纏身，所以沾染他生前的壞習慣，捻指喝斥「瘋神」退開。昇仔在瞬間就不想喝酒了，從此變成一不菸不酒的標準青年。

kakorot

長壽的秘訣

以前，有一個有錢人叫「阿全伯」，他經營藍寶石買賣致富。在他五十歲的時候，有一次參加小學同學的喪禮，看見自己同年齡的玩伴、朋友已開始凋零，深深體會到健康的重要性，於是四處打聽可以延年益壽的偏方和食物。

「你想長壽嗎？台東地區有一個八十四歲的老阿嬤，長壽之道是每餐必喝兩瓶啤酒。」台視新聞報導說。阿全伯看了這則報導，也學這個老婦人，餐餐必備兩瓶啤酒，剛開始時，餐後感覺有點茫酥酥，後來愈喝愈沒有精神，常常昏睡，整個人也越來越胖，覺得不太對勁，只好不了了之。

隔了一陣子，民視新聞又報導說：「高雄有一個歐吉桑的長壽秘訣是吃黑糖剉冰，不管酷暑寒冬，每天至少吃一碗黑糖剉冰，這個習慣已維持了七十二年。」

阿全伯看了這則新聞，也天天吃一碗黑糖剉冰。到了冬天，他每吃一口剉冰，牙齒就痛徹心扉，好像心臟要停了一樣，氣得不吃剉冰了。

後來，九九重陽節又到了，各地縣市政府都在表揚長壽者，新聞也隨之報導了各縣市老長壽的秘訣，有的是說要過規律生活，有的說要早睡早起，有的說要活就要動，有的說要吃粗茶淡飯，有的說要忌菸酒檳榔；也有的說生冷不忌，也有的說每天一定要看漂亮的妹妹，也有的說每天一定要抽一包長壽菸……

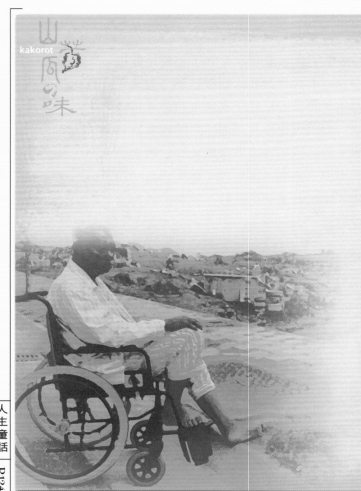

kakorot

阿全伯看在眼裡，將這一大堆的長壽秘訣通通收錄起來。

在他擁有一大堆長壽秘訣的五年之後，在一個冬夜，卻不幸中風了。出院後，一個人常常自推著輪椅到公墓旁，找尋心儀的位置。

「我以後也要躺在這裡！」他雙手自推著輪椅，精神萎靡的停在一棵台灣欒樹下，看著濃綠的台灣欒樹以旋風似的速度披上滿樹的金黃，在乾爽的空氣、燦爛的陽光下，來得快、去得也快，看它迅速的換上紅褐的泡狀果實，緊接而來的是黃葉飄零，蕭瑟的渡過冬季。

兩個月之後，春天來了，台灣欒樹在光禿禿的枝椏上開始萌發新芽。

「人千算萬算，不值得天公伯的筆一揮……」阿全伯頭靠在輪椅背上，長長嘆了一口氣。

　　初秋，是台灣欒樹的開花時期，柔黃色的圓錐花簇密生在樹頂，遠遠望去就像一陣陣金雨灑落。

「我的鄰居叫林媽來好，是一位女性吧；還有一個叫溫公正義，大概是一個客家人……」阿全伯每隔一陣子，就獨自推著輪椅來公墓前，喃喃的說。

台灣欒樹的色澤，四季分明，容易讓人品嘗到她時光流轉的味道。春天綠芽在枝頭上冒出來，夏季就披上濃密的樹葉，到了秋天，細碎如米、朝上匯聚成串的淡黃色花，像頭紗一樣覆在樹頂，充滿詩意。

「墓前還有麻雀來作伴！附近還有水牛……」阿全伯看著墓碑上有幾隻麻雀在覓食，心情慢慢地、逐漸地愉快了起來。

阿全伯回來之後，胃口大開，心情也開朗了起來，好像有所領悟的樣子，心想：「原來長壽的秘訣是保持心情愉快，老阿嬤快樂的喝酒、老阿公快樂的吃剉冰，秘訣是在快樂的心情，我卻搞錯了，誤以為是酒或是剉冰，真是老糊塗！」

廿二年之後，阿全伯有時還會自己推著輪椅到公墓走走，看看台灣欒樹的串串花朵由黃變紅，欣賞她火樹銀花的造型與樣子；看看麻雀在墓地上搶食，充滿童趣，而當初他心儀的墓地，早已成了他人的墓地了。

後記：
　　我表叔的老丈母娘，今年已七十六歲了，身體還算硬朗，只是耳朵重了些。有一次，表嬸要她帶長褲（台語）過來，她卻帶了帆布（台語）；跟她說帶錯了，她改帶來了黏布（台語，膠帶）。老人家機能衰退，常將意思聽偏了，中壯年人體力正好，卻常不用腦筋思考，也常將精義弄偏了。

都蘭山是海岸山脈的主峰之一，峰頂上終年都飄伴著一朵雲，形狀有時像一條靈蛇，有時像一團棉絮；有時也像一條靈蛇在棉絮堆中翻滾，露出一個吐信的蛇頭，尤其午後雷陣雨來臨前，轟隆隆地從鐵灰色的雲端中探頭像靈蛇出洞；當地的阿美族人視為聖山，不敢隨便上山，擔心被靈蛇吃了。

娃娃老人

在都蘭山的半山腰上，住著一位來自中國貴州省的八十多歲老榮民「阿貴伯」，瘦瘦高高的，老是揹著手、微弓著腰走路，他平常沒什麼嗜好、娛樂，常常呆坐在庭院的大石頭上，遠眺著雲彩在幻化，想著故鄉的人事與山河，在家鄉人一個個老死之後，他坐在大石頭的時間也越來越久。

阿貴伯一有空，就徒步走到回收桶撿些碎布料，帶回家。然後瞇起眼睛，一針一線的開始縫製記憶中的家鄉小朋友模樣，老家的服飾很奇怪，而且家鄉人喜歡穿獨一無二的款式，因此他的布娃娃造型也都不一樣。

「格老子的，雄雄最愛欺負我了，他媽的……」阿貴伯端坐在小木板桌上，陰陰地、自言自語地說。

「格老子的，雄雄最不要臉了……」阿貴伯瞇著眼睛一針一針的縫，最後再重重的縫上眼睛。

山夢風の味

釋迦在太平洋海風的吹拂下，長
得碩大香甜，開墾的面積慢慢遍及到
都蘭山腳下。十幾年來，他已經縫製
了一千多個布娃娃，有的是人形、有
的是山老虎、有的是布燈籠，個個栩
栩如生，形態萬千。他將布娃娃吊掛
在房子的牆壁上，裡裡外外，當地居
民稱他的房子是「娃娃屋」，而管叫
阿貴伯「娃娃老人」。

曾經，有一個當地的小孩子看吊掛在屋牆上的布娃娃好好玩，扯下一個來把玩，被他發現捉住。他將小孩慢慢的拖進房內，作勢用針線要將他的眼睛縫起來，其他小朋友嚇得驚聲尖叫，被抓住的那一個還尿濕褲子，嚎啕大哭，從此小孩子們再也不敢到他的娃娃屋附近玩耍。

有一天，一位中年人要到都蘭山爬山，經過娃娃屋，看到屋外吊滿了各式各樣的布娃娃，感到十分好奇，想去拜訪他。

「請問一下，有人在嗎？」中年人敲了敲門說。

沒有人回應之後，他轉頭看了四周，走向在附近喝酒的原住民，他們準備了蝸牛生鮮湯和一些海魚生魚片，蒼蠅不時繞著嘴角飛。

「在喝酒喔，不錯喔！請問，那間房子的主人在嗎？」中年人遙指娃娃屋問說。

「屋主已經死掉很久了啦，不在了啦。」一位滿臉通紅的原住民瞪大布滿紅絲的眼睛說。

「不過，他的幽靈還在裡面的啦，你小心喔。」另一位年輕人故作神秘的說。

「嗟也！」中年人揮揮手說。其他原住民則樂得瞎起鬨。

中年人慢慢的推開娃娃屋，在昏暗的燈光之下，一千多個布娃娃眼睛睜得大大的，每一個都像牛眼睛一樣地盯著他看，讓他覺得陰森森，背脊直發涼。

「幹啥？」門軸聲慢慢地吱一聲，阿貴伯幽幽的說。

「喔！」中年人被這突如其來的聲音嚇一跳，整個臉都漲紅了。

「這些……都是我……心愛的小孩，你不要……嚇著他們了。」阿貴伯語調怪異的說。

「嗯？」中年人頭皮發麻的應說。

中年人被嚇得一時心神不定，忘了來拜訪的目的。走出娃娃屋，直接跨上機車，忘了要爬山，在騎機車回家途中，一直覺得好像山壁旁邊有幾十隻眼睛在瞪著他，車子經過一棵百年茄苳樹後就到了一座水泥橋，他忘了要轉彎，直接衝進山谷之中，摔得右眼迸裂。

中年人仰躺在河谷上，在斷氣前鮮血仍汩汩地直流，頭部的鮮血慢慢淹過他的左眼，他從餘光的隙縫之間，看到阿貴伯和他的小孩們，拿著一根針和一團布，在縫製他垂死的模樣……

後記：
　　在從我家到小學的路上，會經過一位後院栽有桑樹的外省伯伯家，我們管叫他「死豬仔」。由於蠶寶寶需要吃桑葉，小學生又沒錢買桑葉，所以有的小朋友都會偷摘旋出圍牆的桑葉，往往將桑枝拉得往下裂，外省伯伯看到都會拿著拐杖，大聲的喝責我們，我們則報以「死豬仔！死豬仔！」叫個不停。他穿著寬鬆的睡衣，站在門口揮舞著拐杖、破口大罵的影像，直到現在還偶爾出現在我的夢境！

從前，在高屏溪南岸出海口附近，有一個以大象為精神堡壘的村落，大象塑像長寬高各約六、二點五、四公尺，牠的鼻子本來是向外捲的，因為村人務農、養殖常賺不到錢，經向土地公擲筊請示同意後，將牠的鼻子改成向內捲的，意思是較能居財、聚財之意，牠在兩棵龐然老榕樹的陪伴襯托下，森然靜謐。

流汗的感覺

村內住著一位勤奮的婦人，她一大清早，天還沒有亮，就起床打點一家人的早餐，接著就到田裡去挖蘆筍；中午又趕回來，煮午餐給公婆和丈夫吃；下午，又忙著除草、整理香蕉園；晚上在看連續劇，手也停不下來，邊看邊剝花生，賺取一斤四十元的剝殼費。

　　村裡的人常見她忙得滿身大汗，於是給她取個「汗虎」的外號，意謂著她是一隻能幹，又經常忙得滿身大汗的母老虎。

　　南台灣的太陽是出了名的熾熱，熱得柏油路上起了陣陣的煙霧，午後雷陣雨也是「嘩─嘩─」來得快、去得也快，有時太陽還來不及遮眼，傾盆大雨就直接瀉了下來。「汗虎，妳在瘋什麼？要趕去哪裡？」鄰居明茂嬸雙手按在矮牆上，大聲問說。

「要去幫人挽玉米！」汗虎坐在戶檻上，邊套雨鞋、邊包上面巾、邊回說。

「怎麼那麼早？雨才剛停下呢！」

「本來一晡算四百元，這次算五百元，所以要卡早淡薄！」

「多賺一百元哦！」

「錢是人的血水，能賺就加減賺！以後老了就沒處賺啦！」

汗虎在家旁邊餵養兩隻肥豬，撿拾剩菜剩飯。有一天傍晚在餵養時，踩上餿油水，不慎滑倒，右腳剛好被隔離豬舍的鐵條劃破，內外肉層被縫了四十八針，只好在家養傷。

「阿母，妳要去哪裡？」

「我去屋後割些豬菜回來給豬吃！」

「妳的傷口還沒有癒合，不要亂走動啦，會迸開咧！」

「沒關係啦，已經好很多了⋯⋯」

「不要去啦，不然妳在家坐著剝花生好了，豬菜我幫妳去割。」

「嘛好！」

每一年過年前，當大家都在準備穿新衣，歡度新年。她卻上市場購買糯米、花生、鹹鴨蛋等，包起粽子來，比平常還要忙碌。

「汗虎，都過年了，妳還在工作啊？」明水嬸邊看邊蹲下說。

「是啊，我這幾個子女常年在外，難得一起回來，所以包來一起吃。」汗虎大手一直攪翻糯米，臉上洋溢著幸福說。

「妳滿身大汗，都不會難受啊？」

「不會啊，人要活下去，就是要動啊！」

「我不知怎麼了，整夜都睡不好，胸前好像都吸不到空氣一樣，整個人要死不活的。」

「妳就是缺乏流汗，汗流一流就好了。像我，頭倚沾上枕頭就親像死去一樣，攏叫袂醒，哪有時間通好睏袂去！」

在她晚年的時候，不幸中風，造成下半身不遂，不過，她還是喜歡到外面走動、走動。土地公廟前的巨型大象牆面有點斑駁了，老榕樹盤根錯節，樹傘已深沈老態，不過，暗綠老葉下仍萌發著新芽。

「憨孫仔，你推我到土地公廟前走走。」老婦人叫喚她的孫子來推她。

「哦！」她的孫子馬上跑過來推輪椅。

「流汗的感覺真好！」老婦人看到小孩子們繞著大象塑像轉，活蹦亂跳，滿身大汗，語氣緩緩的向孫子說。

「憨孫仔，你知道什麼是流汗的感覺嗎？」老婦人接著說。

「嗯。」孫子坐在廟前的階梯上應說。

「阿嬤，很懷念流汗的感覺。」老婦人再說。

「哦？」她的孫子仍然一臉茫然的應說。

後記：

我的原住民朋友「久謝」聽過了這一個故事，心有所感的說，他的媽媽和「汗虎」一樣，一直為生活、家庭奔波，年老時也中風，不過，行徑卻和「汗虎」相反，一直窩在病床上，害怕再看見「流汗的人」，他希望他的老母也能一如故事中人，即使出外懷念一下「流汗的感覺」也可以。

掠石仔工

窗外，汽機車來回穿梭，噗噗的聲響時大時小。廚房內油炸聲、鍋炒聲和抽油煙機互相交織在一起；客廳的電視播報著今天的新聞，警笛聲、主播說話聲此起彼落，就讀國小五年級的阿義獨自一人坐在客廳中，沈迷在積木世界中。

「阿義仔，吃飯了。」媽媽喊說。

「哦。」阿義仍沈迷在積木堆中，邊玩邊虛應著他媽媽說。

「阿義仔，吃飯了，你要媽媽喊幾次，等一下就吃棍子了。」
媽媽拉高嗓音喊著。

「哦，我知道了。」阿義才邊拿著積木，邊走向餐桌。

「阿義仔，電燈關掉，上床睡覺了。」媽媽將烘碗機按下啟動
後，走出廚房說。

「喔。」阿義頭也不抬地應和著。

「再不去睡，等一下就吃棍子了。」媽媽拉高嗓音喊著。

「喔，我知道了。」阿義伸伸懶腰，到廁所撒一泡尿，手裡拿
著積木作品，走進房間進入夢鄉。

kakorot

冬末，屏東平原上的紅豆已成熟，今年價格仍然不錯，由於農村人口老化，完全得靠機器採收。機器採收遺漏不少的豆莢，很多農婦紛紛拎著小袋子或小臉盆在田裡拾穗，邊拾穗邊聊天。

「阿嬤，妳每個月不是有領老農年金六千元，怎麼來撿這個！一斤不到四十元耶！」農地主人年輕農夫阿揚忙完後，撿起一串的紅豆莢丟進小布袋內，邊向阿義的阿嬤說。

「夠吃藥而已，都拿去孝敬醫生了。」阿嬤蹲著緩移身體說。

「友孝醫生不必那麼多啦，妳胃口那麼好，將吃藥當吃補哦。」

「阿義仔，你讀冊讀有嘸？」阿揚轉頭向阿義說。

「嗯。」阿義也蹲坐在阿嬤身後，擠出羞赧靦腆的應答。

「你要好好認真讀冊，不然就要像我一樣做土牛啦。」

「嗯，我知道。」

「讀嘸啦，伊和字嘸緣啦。愛玩積木啦，不愛學問啦！不識字像青暝牛，吃老就知甘苦喔！」阿嬤縮蹲成一團，一手端小臉盆，一手猛抽紅豆筴，嘴邊仍懸懸念著。

大小白鷺鷥佇立在塭池邊，有的單腳懸空小寐，有的縮頸休息。阿義的姨丈、阿姨養了四分地的白蝦，收成時，不忘提兩斤到姊姊家加菜。

「阿義仔，叫阿姨、姨丈。」媽媽開門領人進來，順便說。

「姨丈、阿姨，你們好。」阿義仔叫過人之後，又逕自玩起積木來。

「阿姊，每次來都看到阿義在玩積木，也沒有看他在讀書，這樣好嗎？」阿義的阿姨說。

「不然送他去補習好了！現在的小孩不補習，跟不上同學啦！」姨丈接著說。

「也不知道好不好？孩子乖乖的就好，隨他去了。」阿義的媽媽故作灑脫地回說。

kakorot

「林先生，阿義仔在班上的成績不太好，你們要多注意一下。」阿義的老師來他家做家庭訪談，提到他在學校的成績。

「老師，歹勢啦，我和阮某都是青暝牛，嘛不知影要按怎樣教。」阿義的爸爸脫下尼龍帽，在手裡搓揉著說。

「不然，這樣子好了，讓阿義去我的補習班補習好了。」老師誠懇的建議說。

「這……這……」阿義的爸爸，將帽子搓揉著更急。

「行行出狀元啦。」阿義的媽媽看爸爸手上的尼龍帽快要著火了，插話說。

中午豔陽當天，工人們像螻蟻揮汗工作，一到午餐休息時間，總會找到風切的位置，將包巾、手頭一一卸除，汗黏又疲累的身體在陣陣微風的輕拂之下，慢慢地消融蒸發了。

「現在的教育費用怎麼那麼高，一下子要補英語，一下子要補數學，補習費一個月沒有一萬元，我看沒辦法！」阿義的爸爸和其他泥水匠在工地上聊著說。

「是啊，驚死人！我還有兩個小孩呢！」婦女小工也插上一句說。

「老林仔，你呢？」阿義的爸爸下頷微揚，指向老仙仔問說。

「老師喔，好像只會串連學生來搶家長的錢！沒啥路用！我才不上當！」老林仔有意無意，吐一口菸說。

阿義高職畢業之後，還是喜歡玩積木，只是他玩的不再是小積木，而是一、二噸重的岩石，這種行業叫「掠石仔工」，他開著一部小怪手，吹著口哨在山區將一粒一粒的大石頭堆砌起來造景，整齊、美觀又大方。

這種「掠石仔工」，除了要會駕駛怪手之外，還要會堆積木，因此，能夠從事的人很少，所以阿義仔整年工作應接不暇，日領薪水八千元，不愁吃穿。

後記：
　　我住的村子裡，有位年輕人叫「大彬」，年輕不學好，喜歡玩些大老二、拆十三支等小賭博，之後習得開鎖的技能，跟人去闖空門，被關了一陣子。出來之後，決心要做好子，所以利用己身的優勢又重操舊業，只是目前闖的是各學校的教室，夜間在學生放學之後，潛入教室將補習班的招生海報塞進每一位學生座位的抽屜內，一晚日領五千元。

從前，在一個原住民的村落裡，有一個婦人叫「阿嬪」，她生性多疑又很愛吃醋，有一雙大大的眼睛，皮膚黝黑，小腿好像小樹頭一樣，鼓而結實，常撇嘴咬著下嘴唇，也常吆喝著丈夫燒飯、洗衣……

善妒的婦人

有一天中午，同族的獵人沙魯在山區打到一隻山豬，邀請阿孅的丈夫阿努到村內的涼亭下喝酒。山風襲襲，山泉傾瀉，山鳥吱吱喳喳，一夥人喝了六瓶小米酒，意猶未盡，阿努騎車到附近的雜貨店買米酒，因為米酒缺貨，所以買不到，只好提前散會，朋友們相約下次再喝。

「今天怎麼這麼早回來的啦，你一定上酒家，有小姐在身邊，才沒有喝醉！對不對！」阿孅咬唇，插腰質問阿努說。

「沒有啦，因為缺貨買不到酒，才提早回來的啦。」阿努揉揉眼睛說。

「騙鬼，你今天一定上酒家，把衣服脫下來，我看看！」阿孅伸手要脫阿努的上衣。

「沒有就是沒有！」阿努大聲說。

「把衣服脫下來！脫下來！」婦人更大聲的扯住阿努的衣領，強把上衣脫下來，阿努聲廝力竭的反抗，結果被阿孅賞了一巴掌。阿孅把衣服抖一抖、聞一聞，檢細阿努的頸部後，才悻悻然地作飯去。

有一年夏天，天空很藍，溫度很高，除了榕樹下，找不到可以午後小盹的地方。台北一所醫學院的教授帶領十二位準醫生、護士下鄉來巡迴醫療。阿嬸常常覺得她的左膝蓋會酸麻，於是向醫療團掛號問診。

「妳這是骨質疏鬆症！」醫生拿小槌子敲敲她的左膝蓋、右膝蓋後說。

「什麼，什麼症，是絕症喔？」阿嬸臉露憂色的追問。

醫生想了想，心想骨質疏鬆症的白話怎麼講？然後接著說：「沒什麼要緊啊，只是妳的左腳太老了，吃吃藥就好了！」

　　阿嬤聽完，「哦」了一聲，緊蹙的雙眉才鬆了下來，正當要起身離去時，好似又想起什麼似的，突然又回頭說：「可是醫生啊，我的左腳是和我的右腳是一起出生的喲！年紀一樣大的喲！右腳怎麼都沒有問題？」

「哦？」醫生一時怔住，眨了眨眼睛，以對方的語調接著說：「棺材有時候也裝年輕人的啊，並不是每一具棺材都裝同樣年紀的啦！」

　　秋季，是秋收後的閒暇季節。村裡幾個獵人要上山打獵，阿努腰繫著配刀也跟著上山，途中，他們經過一欉樹林，在一個動物通道上面發現一個捕獸夾上，夾著一隻誤踏陷阱的小山羌，因為時間過久，已死掉發出臭味了。阿努好奇，伸出手將山羌翻過來翻過去，看看能否用煙薰的方式保存下來，由於死太久，肉都乾癟了而作罷。

　　夜幕慢慢拉了下來，一行人只好下山各自回家。

「你又跑去哪個野女人家了？」阿孀扭著阿努的耳朵問說。

「沒有啊，我跟沙魯他們上山打獵。」阿努哀求著說。

「還說沒有，不然，你身上怎麼有和我身上一樣的味道！」阿孀更使勁的扭著。

「拜託，那是死山羌的味道。」阿努哀求的說。

「騙鬼，死山羌哪有那麼臭，那是野女人的味道，同樣是女人，我怎麼會聞不出來！」阿孀更理直氣壯的要阿努說實話。

山林的月色沁涼如水，夜梟久久才「嘎ー咕ー」的叫一聲，山間幽深靜寂，叫聲聽來特別清亮，這一夜鍋瓢聲此起彼落，嘎咕聲完全淹沒在吵鬧聲中，部落的原住民在月色之下，依然啜飲著小米酒，漫談著白天所發生的大小事，對鍋瓢聲一點兒也不在意，阿嬤的吆喝聲在山谷間迴響、暈散開來。

後記：

　　我有兩個喝酒的朋友，一個阿風、一個阿泰。每次喝酒，阿泰不能少於三瓶台灣啤酒，少於三瓶，回家一定會和老婆吵架，因為身上的酒氣不夠濃，他的老婆一定會質問他跑去哪一家ＫＴＶ？有姑娘在身邊，才不會喝醉？所以阿風負責陪他喝到三瓶以上，他說這也算是芸芸眾生之中的一種朋友之道。

賣麥芽糖的老人

「咚—咚—咚，咚—咚—咚—」七十多歲的阿金伯騎著那一輛老武車，戴著一頂印有候選人名字的尼龍帽，搖著手玲瓏，載著方型的白鐵製框架，在這座山城裡，兜售他那傳統口味的麥芽糖。

「咚－咚－咚，麥芽糖喔……」阿金伯吆喝說。

「阿伯，我要五塊麥芽糖。」一位婦女停下機車說。

「阿金伯，每次我一聽到手玲瓏的聲音，腸胃就咕嚕咕嚕的叫了起來，幫我準備五塊。」賣西瓜汁的胖老闆說。

「當然了，這是我用感情熬出來的，光是土豆仁部分，每一塊都要熬上六小時。」阿金伯自豪的邊作邊向胖老闆回說。

「是啦，你的麥芽糖口味是不錯，但是名稱不好聽，『麥芽膏』（台語，麥牙糖）好像說男人撐不久，應該要說『會硬膏』，男人才會多多來光顧！」胖老闆邊吃邊說。

「哈，哈，你做人真詼諧，吃東西還將自己的缺點說給別人聽。」

「歐吉桑，這一塊多少錢？」一位歐巴桑穿出騎樓問說。

「二十元爾爾。」阿金伯吐出檳榔汁說。

「買一百元，有加一塊沒？」歐巴桑邊吞口水邊問。

「有啦，妳若歡喜，送妳一塊！」阿金伯笑著回說。

kakorot
山蒙風の味

「小時候，我家很窮，若要吃一塊麥
芽糖，得要盼望我歐甲桑殺鴨，一隻
鴨毛一元，當時一塊麥芽膏要五角，
我和我兄弟姊妹，大家輪流咬一口，
現在想起來，實在好笑……」歐巴桑
咬了一口，滔滔講個不停。

「當時，大家攏嘛艱苦，不然，我怎
麼會來學這種手藝。」阿金伯邊刮土
豆仁邊說。

　　山城的車站外，旅客隨著火車的到站，人潮一波波的湧進湧出，交通警察指揮著一輛輛的自小客車、計程車前進，笛子聲此起彼落，賣香腸、玉米的小販們將攤位停在車站外圍，吆喝著旅客來購買。

「阿伯，一塊多少錢？」一位中年男子提著黑色的公事包說。

「廿元爾爾！」阿金伯微笑的回說。

「給我一塊來嘗嘗！阿伯，你這一支手玲瓏很漂亮，用幾年了……」中年男子盯著插在腳踏車手把的手玲瓏一直瞧。

「很久了，我已不記得了。」

「我在大學教書，我想拿回去給學生看，可以賣我嗎？」

「好啊，你若高興就拿回去。」

「多少錢？」

「總共算你三百元就好。麥芽糖，我請！」之後，阿金伯有空便製作幾支手玲瓏來把玩。

「阿伯，我可不可以買你車上的手玲瓏？」一位年輕的媽媽牽著女兒，女兒指著車上的手玲瓏。

「啊……妳不買一下麥芽糖，這是我用感情熬出來的。」阿金伯笑著說。

「不了，我只要買手玲瓏。」年輕媽媽看攤位黏黏髒髒的，婉拒說。

「這很好吃，別的地方吃不到喔。」阿金伯仍笑著說。

「不了，手玲瓏多少錢？」年輕媽媽拿出錢包說。

「算妳三百元就好。」阿金伯還是笑著說。

夏日午後，阿金伯仍騎著那輛老武車到火車站商圈，咚咚的手玲瓏聲混雜在叭吥聲中，旅客、觀光客人來人往，誰也沒有刻意注意到阿金伯的麥芽攤。

「阿金伯，你年紀這麼大了，還在賺。」賣香腸、大腸的小販調侃著說，邊說邊遞給阿金伯一根長壽菸。

「老人仔工，加減賺，不然，骨頭會生鏽。」阿金伯蹲坐在景觀花圃的矮牆邊，咬著菸笑著回說。

後記：

　　有一次，我參加同學的喜宴。有一位女同學穿上嶄新的名牌新洋裝來赴宴，老同學近十年沒見面，天南地北亂扯一通，另一位女同學卻對她手中提的老皮包造型讚賞有加，對她的名牌洋裝好像不當一回事，她的臉在笑談中隱約出現三條線。此時，讓我想起了阿金伯，一顆心平靜紓緩，不疾不徐、不慍不喜，喜樂恆常。

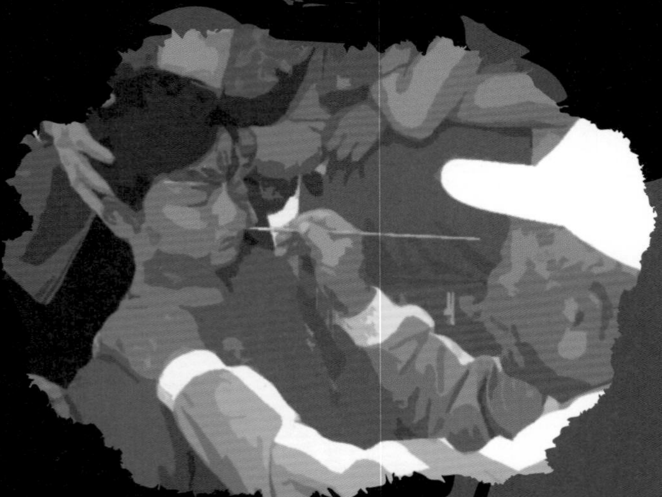

小家將

　　從前，有一位小朋友叫「阿波」，他的腿肥肥、短短、粗粗的，好像甘蔗頭一樣，短褲穿上去後總會蓋到小腿，跑起步來屁股扭得特別大，同學戲稱他叫「矮腳魯仔」。他是一位小八家將，每天放學回家之後，總會在高屏溪畔的一家私家壇前廣場，和一群大小朋友練習八家將的天罡、七星等步法。

　　校園旁有一條水圳，圳水清澈見底，圳旁有一大片的野竹林，他和幾個同學進入探險，找到一處入口狹，但腹地圓通通的竹幹洞穴，他們又拉下一大串的竹枝，布置成一處秘密基地，常將家裡盛產的香蕉、香瓜、蓮霧等農產品帶到洞穴中；後來阿波更將在商展上買來的兩隻「十姐妹」，連同鳥籠吊掛在竹枝上，讓牠吱吱喳喳叫個不停，下課後便在裡面玩耍、吃水果。

「阿波，你那個八家將步法怎麼踩咧？」阿嘉仔斜躺在竹枝上，剝著香蕉說。

「沒請神擲筊，不能亂踩的！」阿波含著竹片，吹著吱吱價響地回說。

「哦，那你簡單踏幾步給我們看啦。」阿崑仔手裡拿著芭樂，邊咬邊說。

「不行啦，會被修理咧。」阿波放下竹片說。

「不然，你向三太子請示一下！」坤宏拿出兩個銅板，嘟著嘴問說。

「嗯，那你們不能說出去喔！」他就在竹洞裡抖動著身體，搖晃著頭顱，甩著雙手，踩踏八家將的步法，只有少數幾個死黨才能夠看得到。

　　六年丙班有一個小朋友，長得高大黝黑粗壯，由於頭部的漩渦有三個，綽號叫「牛頭」，喜好捉弄女生和身材弱小的同學。有一天下午下課，阿波搶得拐角的第一個小便位置，一走出廁所，隨後就被牛頭的右手環頸圈住。

「聽說你很嗆哦！很賢哦！看到老大仔不會閃一下！」牛頭一邊說一邊束緊他的脖子，阿波的脖子被他這麼一勒，一陣頭昏腦脹，癱坐在地上，不由自主地將右手食指和中指微指著他說：「你！你！你！」

「吼，你該死了，阿波要發了！阿波要發了！」、「你要給三太子修理了！」、「三太子要把你變成小狗了！」、「是變豬公啦！」小朋友們指著牛頭一直訕笑著。

「哇！」牛頭的眼神隨著每一句話戳入他的心坎裡，逐漸驚恐起來，竟然哇一聲大哭了起來，直喊著：「我又沒對他怎樣！人家只是要小便而已！是他自己要發的！」

「阿波，你好厲害！三太子看你被欺負，馬上附身過來救你！」、「牛頭真的要變成豬公哦？」、「他早該就要變成豬公了，老是要掀人家的裙子！」一群男女同學圍著他，七嘴八舌的說著。

「嗯……嗯……嗯……」阿波點頭如搗蒜，心裡竊喜著。

小六時，他放學後常去私家壇廟混，那裡有很多拜過的餅乾、汽水。吃飽就去高屏溪畔玩水、網魚、設陷阱抓山豬、野兔，作業因此時常沒有寫，常被老師打屁股，打幾下倒是相安無事，有一次老師生氣起來，要他雙手按在講桌上，屁股翹高猛打。

「哼，哼，吥……」他受不了就習慣性地搖頭呼氣，老師見狀以為他要起乩了，趕緊收手，還將他抱著提高離地，將「地靈」斷線，以免真的起乩，由於阿波短短肥肥的，好像一隻小肥豬，老師反而累出一身汗來，以後改為罰站。

後記：
　　我認識一個年過七十的女道姑，有一天夜裡去拜訪她，她拿出她珍藏的雪茄和ＸＯ來和我分享，她看我遲疑未動用，爽朗地說：「沒關係啦，剛剛我有向佛祖請假，祂批准了！」多年後，我才知道多重角色身分的人，角色可以游移互換，選擇最適當的角色來扮演。

　　教室外炎熾熱烘烘，黑板樹上的蟬聲和著「長亭外，古道邊，芳草碧連天……」的音樂聲，遠近傳唱著。站著，聽著，沒幾分鐘，來了一陣涼風，阿波的眼睛不由自主地微閉起來，身軀自然地左右搖晃，老師見狀以為他又要起乩了，又趕過來抱著他、腳離地，阿波被老師的舉動嚇到，反倒抽了一線的口水，老師又累出一身汗來。

　　以後，遇到狀況時，阿波就眼睛微閉，緩緩搖晃著頭顱，除了老師少處罰他外，不良少年也不敢欺負他。

kakorot

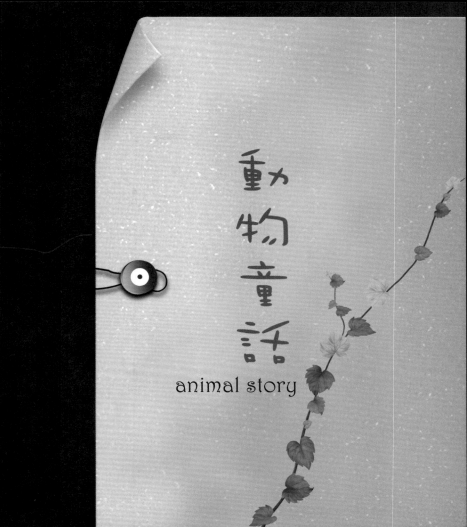

動物童話

animal story

山煮瓦の味
kakorot

狗兒學佛

　　從前，在南大武群山的深山裡頭，有一間鐵皮屋搭蓋的尼姑庵，裡面住著一位尼姑，她四處勸人為善、廣布有捨才有得、萬物都有佛性等觀念。她從年輕時就不捨千里為有緣人化緣、助念、作法會，希望有一天能存夠一千萬元，興建一座可以棲身避雨的佛堂－觀音禪寺，光耀佛祖的門楣。

　　有一天傍晚，天色提早暗了下來，她化完緣準備回家，經過一個小村落，走著走著，走過一輛停在路旁的鐵牛車，一隻剛出生不久的小白狗突然從車底下竄出來，嚇了她一跳，她原先以為是一隻小白兔，待回過神來，才知是一隻小小狗。

「阿彌陀佛，沒驚、沒驚，阿彌陀佛！」尼姑邊拍胸脯，邊整理掛袋。

　　尼姑剛開始也不以為意，繼續要走回尼姑庵，誰知小小狗一直跟著她，尼姑原想牠走累了，就不會跟上來，一前一後逐漸拉開了距離，尼姑在山路中繞了幾個大拐角，經過了斑芝橋、滌竹橋，踏過多處水窪，回頭早已不見小小狗的身影，猜想小小狗應該跟不上來放棄了，可是小小狗卻仍然一直尾隨在後，一直跟到夜幕完全拉了下來，跟到尼姑庵為止。

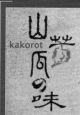

尼姑看牠一路跋涉，猛吐舌頭，就用裝花生麵筋的空罐裝了水給牠喝，喝完就蹲坐在廚房門口。晚間，尼姑看牠可憐，把剩下的菜飯、菜湯給牠吃，從此以後，小小狗就在尼姑庵住了下來，尼姑以她的法名為本，給牠取名叫「小真」。

　　尼姑早晚頌經作功課，說也奇怪，小真就蹲坐在一旁靜靜的聆聽，眼皮低垂、眼神圓潤，好像牠也要修習佛法的樣子。

　　「佛法是無所不在的，世間萬物都有佛性，難道小真真有佛性？」尼姑屢次翻閱佛書時，心裡常常在想這一個問題。

　　有一天晚上，淡淡的桂花香迎風飄送，瀰漫在尼姑庵四周，「圓真」在庵內的蒲團上，靜坐放空。在一片太虛幻境中，目不能視，但是耳朵卻能通聽，在朦朧之間，她聽到身旁有千軍萬軍奔馳的聲音，在瀟瀟馬鳴聲中，汪汪的叫聲依稀可聞，部分軍馬似乎隨著吠叫聲而轉向，好像狗兒在調度軍馬。

　　「咦，馬聲之中怎麼會有狗聲，又好像是小真的叫聲……」尼姑歪斜著頭，轉向、傾聽、猜想這一聲音。

過了九年，觀音禪寺已落成，隔年小真卻死了，尼姑在廟旁草地上將牠的屍體火化。當晚，一位滿頭白髮、滿臉白鬚、手拿拂塵的老人家來到尼姑的夢中。

「徒兒圓真，小真已經修習圓滿，正式升格為座前右護法。」白髮老者說。

「是，阿彌陀佛。」尼姑恭敬的回說：「可是，小真是一隻狗兒啊。」

　　白髮老者拂塵一揮，身影慢慢後退，由濃轉淡，趨於空白、消失。

尼姑清早醒來，一直回想昨晚的夢境。然後到小真火化的現場要看個究竟，她拿起一根樹枝撩撥一下屍灰，在屍灰之中赫然發現其中有三顆藍底五彩和九顆不規則狀的舍利子，其中一顆還有蓮花的花紋，尼姑終於深信原來小狗也有佛性。於是，便在佛寺大樓前的兩根迎賓梁柱上，以朱砂筆分別寫下「今生若遇頓教門」、「忽悟自性見世尊」。

後記：
　　日本沖繩一座禪寺的法師，養了一隻聰明可愛的小狗叫「柯南」；在長期耳濡目染下，小狗竟然學會像人一樣，跪地合掌祈禱；彰化市福山寺收養了四隻流浪狗，從小「吃齋禮佛」，性情溫馴，也跟著比丘尼到佛堂作早課。四隻狗還會搖尾迎接帶禮物和供品入寺的信徒，看到信徒要帶走佛寺物品，則一路追咬。

今生若遇頓教門

kakorot

山瓦の味

三腳狗

　　從前，在大南山區附近，因為常有山豬出沒，所以當地的獵人在山林間佈滿了山豬斬、捕獸夾，來捕捉山豬。一些流浪狗上山覓食，常常不小心因此而被捕獸夾截斷了前後肢，殘障之後的狗兒，覓食更加困難，見人就跑。

山區內有一家日治時代留下來的微型水力發電廠，他們的垃圾筒是流浪狗的最愛，狗兒常常為了搶食食物而咬得不可開交，殘障狗更是無力和其他狗兒搶食，只能在一旁低吟哀嚎，看在電廠員工阿進的眼裡，於心相當不忍，於是特別煮些狗食來給這些殘障狗吃。

　　起初，這群殘障狗不敢靠過去吃，阿進便把狗食放在屋簷下，殘障狗兒才畏首畏尾地靠過去吃飯。經過兩個禮拜之後，狗兒逐漸卸下防備心，快樂的吃起飯來，阿進並一一將牠們取了名字－吉比、小白、小黃、LUCKY、小黑。

由於殘障狗平時都在山區附近休息，阿進一旦準備好了狗食，為了喚齊全部的狗一起來吃飯，只好利用廣播器廣播：「小狗，吃飯！小狗，吃飯了！」起初只有吉比大概聽得懂，會下來吃飯，後來第二隻、第三隻、第四隻才跟著下來，逐漸多了起來，沒有右前腳的小黑最後才下來。

再兩個禮拜之後，只要阿進拿起廣播器大喊：「小狗，吃飯！小狗，吃飯了！」這一群殘障狗就會從山區四面八方飛奔下來，吃飽後牠們就膩在阿進的腳邊磨蹭，聽他講故事、抓蝨子，小黑則端坐在外圍，眼神平視著四方。

有一天傍晚，阿進到後山的蓄水池巡視引水道有無被樹葉等異物堵塞住，小黑卻吠個不停。阿進心知不妙，猜想可能有毒蛇野獸出沒，特別找來一根鋤頭柄護身，走著走著，小黑卻跑到他的面前狂吠，定睛往上一看，在竹枝上卻是一隻大姆指粗的赤尾青竹絲對著他吐信，阿進提起鋤頭柄，兩下就將牠打死了。

　　阿進將青竹絲打死之後，小黑仍叫個不停。

「小黑乖，小黑乖，不要再叫了！」阿進蹲下捋捋小黑的下頷。

「小黑乖，吵死人了！」阿進朝牠吠的方向看了看說。

山豬阿味
kakorot

阿進不以為意，跨步要走向引水道，小黑卻一跛一跳的跳上山坡，再一個反縱身，咬下竹枝上的另一隻青竹絲，雙雙跌進蓄水池內，阿進趕緊拿鋤頭柄將水中的青竹絲勾開，再抓起小黑的左腳，將牠救上岸來。

從此，小黑和阿進的感情最好，阿進走到哪裡，牠就跟到哪裡。偶爾，牠跑進山裡面追田鼠、野兔，只要阿進用廣播叫「小黑，小黑」，不一會兒工夫，牠就出現在他的面前，吐著舌頭，猛搖著尾巴。

後記：
　　我有一位同事，在春節連續假期結束時，怕南迴塞車所以走南橫要回台東上班，順便在台東霧鹿拍一些風景照。拍照時，依稀聽到一陣陣的動物低吟聲，循聲竟發現一隻土狗誤踩捕獸夾，發著低沈的哀嚎聲，似乎在哀求他幫忙，在幫牠扳開獸夾時，牠不吵不鬧，當一解開，這條土狗竟拖著瘸腳直接跳上他的車子前座。從此，他的庭院就多了一條三腳狗。

kakorot

愛上班的山豬

　　從前，在東部金針山上，有一位姓石的年輕農夫，長得黝黑結實，理個小平頭，留一撮像紅襪隊投手貝基特的小山羊鬍，朋友都叫他「石頭仔」。他原本種植金針為業，後來金針市場受到中國大量進口的衝擊，價格逐漸下滑，每下愈況，之後的利潤更無法支付雇工採收的工錢，於是興起轉業的念頭。

他利用金針山的天然美景，開始加入民宿的行列，可是因為名氣不響亮，上山的車輛一輛一輛從門前過，觀光客雖然川流不息，可是卻不在他的店門口停留，金針、茶葉等農特產品銷路一直不怎麼樣，讓他相當灰心。

他為了招攬顧客上門，花盡心思寫海報，「金針茶葉，自產自銷」、「民宿，乾淨便宜」，可是效果都不好。

他又到山上生意好的商家觀摩，雇請美工專家和小朋友將店門口和牆壁彩繪金針的卡通模樣，吸引遊客的注意；又聘請台北的行銷專家將櫃台設計在動線之上，不過，效果都很有限。

「生意實在歹做！錢也大把地花了，還是沒什麼起色，會了死啦！」石頭仔逢人便感嘆生意歹做，並請教如何讓生意好起來！

他每天都在思索如何讓生意好起來？吃飯的時候在想，上廁所的時候也在想，和人聊天的時候也在想。

有一天，他拿西瓜皮到後院餵食心愛的山豬「皮皮」時，也在想如何讓生意好起來，看牠嘓嘓叫的模樣很可愛，靈機一動，心想：「何不將皮皮當作門面活廣告，也許有用！」就將山豬牽到住家不遠的店門口。

　　山豬在店門口嘓嘓叫，在浴盆裡泡澡，形狀新奇、逗趣又可愛，果然吸引很多顧客駐足圍觀，爭著要和牠一起合照，很多遊覽車一經過，都會特別停下來看看這隻像狗模樣的山豬，在浴盆裡打滾的逗趣模樣，生意也因此而逐漸好了起來。

「老闆，兩斤太峰茶，兩包金針。」一位來自高雄，穿著ＰＯＬＯ衫、短褲的中年人說。

「來，總共三千二百元，恭禧發財。」石頭仔笑瞇瞇的回說。

「爸比，皮皮真的好可愛喔！」戴著眼鏡的少女向爸爸撒嬌說。

「跟妳說，沒錯吧，跟我來山上就對了，整天打電動沒什麼意思吧！」中年人轉頭向女兒說。

「我這次上金針山來，是專門來看你的皮皮長大一點沒？」中年人掏出皮包，邊遞錢邊說。

「哦，這樣子哦，謝謝，謝謝，謝謝關心。」店主仍笑瞇瞇的回說。

皮皮於是每天早上八點隨著主人上班，然後栓在店門口，下午五點再打開鍊子，和主人一起回豬舍，生活作息和主人完全一樣。

自從皮皮隨主人正常上下班之後，每天八點只要一打開豬舍，牠就自然而然的走向山莊門市部，下午他一下班，解開牠的鍊子，牠也悠哉游哉的慢步走回豬舍，一點都不用人趨趕。

後記：
　　有一年夏天某日中午，我背著數位相機走進林邊菜市場，一位歐吉桑看我的打扮不一樣，迎頭就將裝蘆筍用的綠色箱子倒過來，坐在箱子上，大口大口地扒便當，邊吃邊搖頭，以台語對我說：「喔，實在好用！」我就順他的話意反問說：「是什麼這麼好用？」他應說「五十元真好用！」他說他早上沒吃早餐，肚子餓得前胸貼後背，餓到飢腸轆轆，快死掉了，但是用了五十元買了一個便當，只吃了幾口，就什麼都好了。

　　現在只要八點的太陽一照到牠，牠就在豬舍柵門前嘓嘓叫，提醒主人來放牠出去上班。放假日還要一再向牠大喊「今天放假」，並丟進大量的西瓜皮，牠才真正了解「今天放假」的意義。

在大武山的深山裡頭，住著一戶人家，他們所住的小木屋是自己拼湊蓋成的，背山面山，屋旁有用幾塊模板隔成一處四方的豬舍，將獵捕回來的小山豬養在裡面，屋後斜坡是一大片的雜木林。這戶人家裡頭養了一隻純種的母土狗，牠有金瓜頭、招風耳、羌仔腳、鐮刀尾、黑舌斑，常會從山裡頭咬回野兔，是隻聰明又會狩獵的好狗。

染上癮的土狗

有一天，這隻母狗生了六隻小土狗後不久，一如往常地到野外蹓躂，可能遇上山豬或毒蛇等意外，就沒回來了。主人蜀亮留下一隻毛色較黑亮的仔狗，其餘的都賣或送給其他獵戶了。剛好前不久家裡的山豬也生了一窩仔豬，由於他每天一大早必須採割桂竹、山筍、野菜、採蜜，帶到山下去賣，常常忙到傍晚才回來，中午無法回來餵食仔狗，就將豬狗全部圈養在一起。

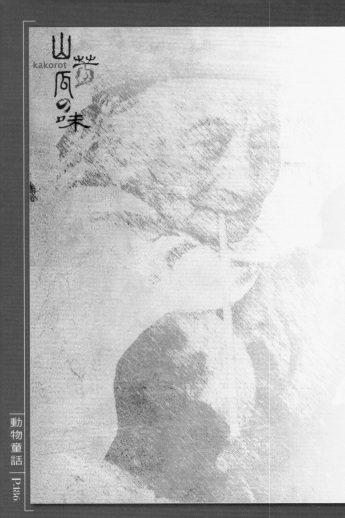

山豬的味
kakorot

　　屋後的樟樹、桃花心木各競其妍，卻又互不干擾，山風一起，枝葉搖啊晃啊，數著同一個節拍。說也奇怪，仔狗肚子餓了，也會跟著小山豬，靠過去山豬媽媽的身邊吃奶，母豬竟也讓仔狗吃奶，就在這種情形之下，小山豬和仔狗一天天地長大，蜀亮看牠模樣可愛，將牠取名為「黑豹」。

　　「嘓－嘓－嘓！」黑豹一天天的長大，部分動作和山豬完全一樣，喜歡趴坐而不端坐，而且吠的方式和頻率也和山豬差不多。蜀亮看牠可以自立更生，不會餓死了，就將牠放出豬舍。這戶人家家裡頭有一位老阿嬤，菸癮很大，嫌公賣局的長壽菸不夠帶勁，都抽自己做的旱菸，她抽起菸來一袋接著一袋，常常欲罷不能。黑豹喜歡在老阿嬤的腳底下磨蹭，久而久之，也染上了菸癮，常常打哈欠又淌淚。

　　小土狗漸漸長大，到了訓練獵捕獵物的年齡。有一天，蜀亮想要訓練黑豹獵捕山豬的狠勁，不過，怎麼喊「黑豹，衝呀！」牠總是懶洋洋的，一點精神都沒有。蜀亮氣不過，拿起皮鞭往牠身上抽，黑豹只是唉叫兩聲，夾著尾巴逃開，悻悻然地從遠處淌著淚水看主人。

動物童話

P.187

蜀亮氣得坐在門檻上嘆氣，心想當初選一隻最喜歡的仔狗，如今卻變成這般模樣。此時黑豹畏首畏尾的溜到老阿嬤的腳下，湊近猛抽旱菸，精神才逐漸好了起來。蜀亮見狀，才恍然大悟，終於了解原來黑豹染上菸癮，才使喚不動，待牠抽夠了以後，喊聲：「黑豹，衝呀！」牠勇猛得連黑熊都不怕。

後來，蜀亮在打獵前後，除了要給黑豹抽幾口旱菸之外，對待牠也像一般狗一樣，將牠飼養在家中，牠喜歡和蜀亮的小兒子膩在一起，在豆薯堆裡打滾，也喜歡在草原上追逐斑鳩或蜻蜓等飛行物。

林間的牽牛花，從樟樹綿延攀爬到桃心木，紫色的花朵兩掌開一朵，好像兩樹之間的項鍊。蜀亮的朋友們喜歡到他家泡茶、聊天，雙方都會以檳榔互請，此時，黑豹都會乖乖地趴坐在地上，看他們抽菸，再湊近抽幾口，又聽他們講話、看他們嚼檳榔、吐檳榔汁。

有一次，蜀亮把沒嚼完的檳榔放在泡茶桌上，牠一個縱身，把整包拖到地面嚼了起來，起初蜀亮還以為牠嘴巴受傷，拿藥包要為牠擦藥，後來發覺地面的檳榔之後，才發現小狗也會嚼檳榔。黑豹嚼檳榔，也會吐出檳榔汁，習慣與方式和人一樣，後來癮勁愈來愈大，一口氣要嚼三口才過癮。

從此，主人的朋友來拜訪時，也不忘給黑豹一顆包葉的，對待牠好像朋友一般。

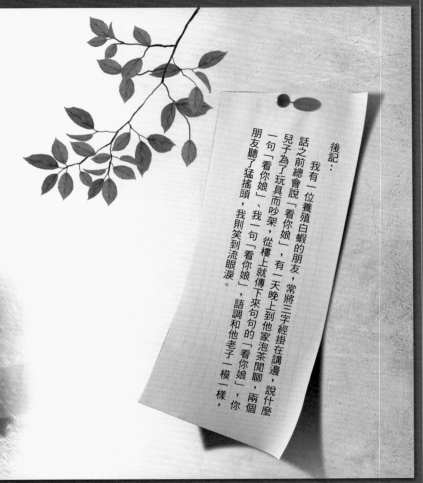

後記：

　　我有一位養殖白蝦的朋友，常將三字經掛在講邊，兒子為了玩具而吵架，有一天晚上到他家泡茶閒聊，說什麼朋友聽了猛搖頭，我一句「看你娘」、我一句「看你娘」，兩個一句「看你娘」，從樓上就傳下來句句的「看你娘」，語調和他老子一模一樣，你我則笑到流眼淚。

kakorot

三隻小樹蛙

春夏之交，大漢山上的夜色迷離。

　　山上很多的保育類動物莫氏樹蛙踩著沁涼的夜色，奏起求偶之歌，「呱－阿，呱阿阿阿－」如同火雞叫般，一長串叫個不停。

一隻身材瘦小的樹蛙平常住在樹上，為了求偶到水邊活動，牠先挖一個淺淺的洞藏身在落葉底下，後來又躲在水溝旁邊的石縫中，在鬆鬆的土堆或草根裡鳴叫，有時也爬到樹梗上鳴叫，不過，並沒有雌蛙理牠。

　　「呱—阿，呱阿阿阿」瘦樹蛙以更低沈的聲調鳴叫，果然吸引三隻雌蛙過來，不過，當牠們看到牠那麼瘦小，丟下一句「好瘦喔」之後，又陸續跳開了。

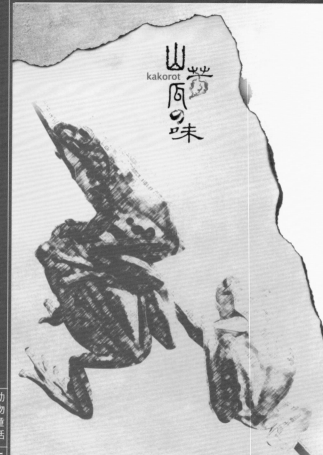

山葵瓦の味

kakorot

　　瘦樹蛙叫了一夜，沮喪的回家。牠觀察其他受青睞的樹蛙叫聲，自行揣摩叫聲變成三到四個音節的「葛－葛－葛」，有時尾音還加上「咯－咯－咯」，以增加變化及吸引力。果然陸陸續續吸引了數十隻聞聲而來的雌蛙，不過，一見到牠瘦小的身材，哼了一聲，轉頭又跳開了。

　　這一夜、這一星期、這兩星期，牠仍然都敗興而歸。

　　瘦樹蛙在求偶無望之下，想到了一個好方法。

「我這裡有五隻蚊子，我們在一起好不好？」瘦樹蛙央求另一隻瘦小的雌蛙說。

「嗯，不要！」瘦雌蛙瞄了蚊子之後回說。

「我的蚊子是在池塘邊捉到的喔，很好吃喲！」瘦樹蛙吞了一口口水，繼續說。

「嗯……嗯……還是不要好了。」瘦雌蛙猶豫了一會兒說。

瘦樹蛙又想了一個好方法，既然在池塘周圍附近找不到，改到另一個農用蓄水池求偶。牠以低沈的聲音發出四個連音的「葛－葛－葛－葛」，尾音還加上「咯－咯－咯－咯」，果然吸引了附近的雌蛙過來。

「我的家冬暖夏涼，溪水清涼透徹，而且食物不虞匱乏，每天都吃肥蚊子，只要有人和我在一起，這些都給牠！」瘦樹蛙拍胸脯說。

「聽起來好像不錯喔！」

「別傻了，牠那麼瘦小，肯定沒吃過肥蚊子才那麼瘦，這哪是吃肥蚊子的料。」

「對啊，既然條件那麼好，牠在村子怎會找不到對象！還來我們這裡！」

「騙仙！」

今年的繁殖期已進入尾聲，瘦
樹蛙急了，又想到了一個好點子。牠
捨棄原先挖洞鳴叫的求偶方式，偷偷
地爬進已獲得配對的雄蛙洞中，塞給
主人家十隻蚊子。

「喂，喂，你在幹什麼！」雄壯樹蛙說。

「借蹲一下嘛，給你十隻蚊子！」瘦樹蛙挑挑眉毛說。

「不好啦！」

「再給你五隻，全部肥滋滋的！」瘦樹蛙看主人家遲疑，從右口袋再掏出五隻蚊子。

「嗯？」

「不要這樣子嘛，為了我們的群族，借蹲一下子嘛。」瘦樹蛙乞求說。

「喔，這樣子呀。」雄壯樹蛙說。

夜色沁涼如水，三隻樹蛙一夜無話。

後記

我有一位朋友叫「肉忠」，他曾向我說，當他還在讀小學時，每個月都會到村裡一位理髮婆家理頭髮，村裡的老榮民也會到她那裡修面、吹頭髮，從鏡子的反射中，他看見老榮民在吹整的過程中，都會有意無意的摸理髮婆的屁股，有時摸得太過火，理髮婆會笑罵說：「死老猴，垃圾鬼！」他說這一幕是他的性啟蒙！

天才小釣手

夏季某日中午，蟬聲唧唧，好像演奏著一曲曲的進行曲。一位胖爸爸下班回家，媽媽在廚房忙著張羅午飯，小娃兒一人在客廳玩家家酒，將芭比娃娃、遙控車、積木等玩具，散放在客廳地上。

「弟弟，你的小寶貝呢，怎麼沒有看到你的小寶貝？」胖爸爸彎腰問說。

「他不是我的小寶貝，他是我的小弟弟！」小娃兒找來小寶貝布偶抬頭回說。

「那他叫什麼名字？」胖爸爸故意問說。

「她叫作『妹妹』！」小娃兒快聲應說。

「哦！？」胖爸爸聽後，嘴巴嘟得好高，直點頭。

　　爸爸轉身拎著公事包往沙發上一放，信步走進廚房倒了一杯汽水喝。

「弟弟，左手是哪一隻？」胖爸爸又問兒子說。

「這一隻！」小娃兒馬上舉起左手齊眉。

「右手呢？」

「這一隻！」

「左手」、「右手」、「左手」、「右手」、「右手」、「左手」小娃兒應胖爸爸，一會兒揮舉著左手，一會兒舉右手。

「嗯，弟弟好棒，分得清楚哪一隻是左手，哪一隻是右手！」

「爸爸，這一隻呢？」小娃兒將左手舉高，反問爸爸說。

「左手！」

「不對！這是上手！」

　　飯後，蟬聲依然唧唧，一曲曲的進行曲改為催眠曲，胖爸爸躺在客廳吹冷氣，不知不覺地就睡著了。小蛙兒一個人溜到庭院和小鵝玩，之後騎著腳踏車追小鵝，追著牠們哦哦叫，引起了母鵝的注意，反被牠追了回來。

「爸爸，溜滑梯，溜滑梯……」小娃兒進屋來，感到無趣，搖著正在午睡的爸爸說。

「嗯，不要吵。」胖爸爸翻一個側身，回說。

「爸爸，散步，步步……」小娃兒隔了一會兒，又搖著爸爸說。

「嗯，不要吵。」胖爸爸將側躺的身體又翻正過來。

「爸爸，釣魚魚，釣魚魚……」小娃兒拿著寶特瓶，打著爸爸的肚子說。

「嗯，不要吵，爸爸睡醒了，就帶你去……」胖爸爸虛應著兒子說。

「爸爸，釣魚魚，散步步……」稍後，小娃兒左右手各拿著一個寶特瓶，在胖爸爸的肚皮上敲打。

　　午後，陽光懶洋洋的灑在琵琶湖上，蟬聲已稀疏零落。胖爸爸終於帶著三歲的小兒子到湖邊垂釣，小娃兒正經八百地端坐在小椅子上，跟著爸爸甩竿、釣魚。

「小朋友，魚勾要這樣子綁。」胖爸爸左手指捻著魚勾，右手拿著釣絲一直繞著魚勾打轉。

「喔……」小娃兒瞄了一眼，逕自拿著釣竿甩起來。

「小朋友，魚餌要這樣子串。」胖爸爸左手指捻著魚勾，右手拿著蚯蚓串進去魚勾裡。

「喔……」小娃兒看了一眼，迫不及待的拿起釣竿甩起來。

「小朋友，噓！安靜一點，不然會把魚兒給嚇跑。」胖爸爸左手指抵住嘴唇說。

「噓！魚魚有耳朵嗎？爸⋯⋯爸。」小娃兒也用左手指抵住嘴唇問說。

「噓！」

「魚魚在水中聽得到我們在講話嗎？爸⋯⋯爸。」小娃兒看爸爸沒答話，提高音量問說。

「噓！」

「魚魚聽得懂我們的話嗎？爸⋯⋯爸。」小娃兒更大聲的問。

後記：
　　六月某日午后，我和幾位大學同學到台東森林公園內的琵琶湖走走，在湖邊看到一對父子在釣魚，有見獵心喜的感覺，趕快將它拍下來。這種寧靜、和諧、充滿童趣的畫面，在現代疏離的社會中，已經愈來愈少見了。

幽默的世俗，另類的歷史　李瓜看《山苦瓜》

對於一篇散文、小說或是故事，若從修辭以至於文章結構，作為切入點，提出看法。這不僅是對於一位習稱為「作家」──熟練文字技巧的作家不敬，而且也是搔不到癢處的批評。我不做這種事。正如 Bob Dylan 所言：

你想要寫高於生活的歌。你想說一些發生在你身上的奇怪的事，或者你看到的怪事。你必須知道並理解一些事，然後超越語言。那些老手們在他們的歌裡傳達出來的那種令人心驚的精確性可不是小事。有時你聽見一首歌你的思想會跳出來。因為你看見了和你思考問題的方式相一致的模式。我從來不用「好」或「壞」來評價一首歌，只有不同種類的好歌。（註1）（p. 51）

我實在無法評價像煌仔這種藉由生活故事的「轉述」，摘選「說故事者」的生活智慧與人生看法。這樣的書寫，基本上是人生價值──亦即文學觀的宣揚。就如同歌者唱一首自己的創作的歌一樣。那都是對世界的看法。不同種類的。

因此，我想談談別的思考。關於藝術創作，或者創作幹什麼用的問題。底下有一個故事，是關於 Bob Dylan 在他父親死後，他回顧親子間的鴻溝與創作秉性的思索：

過去的一個星期令我疲累不堪。我以一種自己從未想到的方式回到了早年生活過的小鎮──去看我父親入土安息。現在依然無法說出那種我從未能夠說出的感受。成長的過程，文化的和兩代人的差異，這些都無法超越──不過是些說話的聲音，平淡、不自然的語言。我爸是個坦率的人，說話總是那麼直來直往。「藝術家不就是畫畫的人嗎？」當我的一個老師告訴他我有藝術天賦時，他這樣說。我似乎總是在追尋著什麼，任何移動的東西──一輛車，一隻鳥，一片飄零的樹葉──它們領著我進入某種更為澄明的境界，潛入河底某片不為人知的陸地。對於我生活其間的這個破碎的世界，以及社會可以利用我們的方式，我一無所知。（p. 105-6）

這裡 Bob Dylan 提到父子差異的問題，不同時代的價值。

這只要是深諳人情世故的人都了然的事。這不是無奈可以簡單說明。值得注意的反倒是 Bob Dylan，將音樂創作視為個人追尋的方式，敘述精確、引人。然而他對於「破碎的世界」一無所知云云，是真的嗎？我有些懷疑。既然已言「破碎」，就已是一種看法了。只是 Bob Dylan 無法立下判斷，對於世界。

對於《山苦瓜》這樣的書寫，像一首首浪漫的歌謠，看到的是煌仔的狡獪、諷刺，至於社會結構、時代的大環結，則隱微未顯。畢竟那是矢志創作的人，一生的思索吧？

他不說文體，用有所企圖來超越，我們都知道高手過招，無招勝有招。武術的最高境界是無招數的，佛道也說無心則無戒。在新聞界，新聞寫到一定程度，那裡會再想什麼導言不導言。直心即可，直心落筆，行雲就流水。是不是？

心靈的故事，直心落筆最真實不過了，其他的，就讓看官去想去思考。我想在六十歲之後，能有能力四處走走，一部相機、一部筆記型電腦，就做我的寫作。不會有什麼文體的，只是看、只是想、只是直直寫它個什麼。

安藤忠雄在回顧其建築思索時，即意識到創作與成長歷程的思潮「寬度」。他目睹 1960 年，當時他剛 19 歲，雖然不能說真正完全理解了當時的思潮，但被工人們、學生們的「大眾力量」所感染，感覺到社會巨大的起伏動盪。戰後經過了 15 年的歲月，日本社會終於誕生出了「市民」的概念，他們開始在「政治」上表達自己的意志。憤怒的「市民」將國會議事堂前的廣場圍得水洩不通，那情景至今難以讓他忘卻。雖然已經事隔近 40 年，今天一看到那時的影像資料，還是能喚起當年的那種興奮，那種激情。（序　構思的源泉，5）（註2）而這樣的歷史感，安藤將它視為時代給予的記憶，他意識到需要反映到其建築之中。

簡而言之，文學應該有所企圖的。在《山苦瓜》裡我看到屬於煌仔個人的另類歷史。

（李瓜，本名李敏忠，詩人，國立成功大學台灣文學研究所博士）

註 1： Bob Dylan 著，徐振鋒 吳宏凱譯《像一塊滾石：鮑勃‧迪倫回憶錄（第一卷）》（Chronicles, volume one, 2004）（中國南京：江蘇人民出版社，2005. 11）。
註 2：安藤忠雄著，白林譯《安藤忠雄論建築》（中國北京：中國建築工業出版社，2002）。

山苦瓜の味

作者：周敏煌
攝影：周敏煌、莊哲權、盧太城
插圖：蔡靜玫
發行：周敏煌
監製：薛兆基
出版：大觀元有限公司
　　　高雄市苓雅區仁義街 2-4 號 3 樓　　TEL 07-5350386
編輯企劃：李婉君、黃筠恩
責任編輯：黃筠恩
校對：宋佩雯、林玲鳳、陳芃羽
美術設計：吳貞育、蔡靜玫、王津敏
封面設計：吳貞育
印刷：也是文創有限公司
初版日期：2010 年 12 月
定價：430 元
訂書郵政劃撥：42276599　宋佩雯　TEL 07-3389098
特別贊助：財團法人國家文化藝術基金會

法律顧問：林雪娟律師
　　　　　高雄市三民區九如二路 597 號 4 樓之 1　TEL 07-3232206
ISBN 978-986-86870-0-4
Printed in Taiwan

國家圖書館出版品預行編目（CIP）資料

山苦瓜の味 / 周敏煌作 . -- 初版 . -- 高雄市：
大觀元 , 2010.12
面；　公分
ISBN 978-986-86870-0-4(平裝)
863.59　　99024569